FORSCHUNGSBERICHTE DES LANDES NORDRHEIN-WESTFALEN

Nr. 1090

Herausgegeben
im Auftrage des Ministerpräsidenten Dr. Franz Meyers
von Staatssekretär Professor Dr. h. c. Dr. E. h. Leo Brandt

Dr.-Ing. Kamillo Konopicky
Dipl.-Chem. Emil Karl Köhler
Dr.-Ing. Wilhelm Lohre

Forschungsinstitut der Feuerfest-Industrie, Bonn

DK 666.633
666.35
620.1
539.3

Aufbau und Eigenschaften des Kanalisationssteinzeugrohres — Einfluß der Rohstoffe und Herstellungsbedingungen

SPRINGER FACHMEDIEN WIESBADEN GMBH • 1962

ISBN 978-3-663-06177-9 ISBN 978-3-663-07090-0 (eBook)
DOI 10 1007/978-3-663-07090-0

Verlags-Nr. 011090

Ursprünglich erschienen bei Westdeutscher Verlag, Köln ung Opladen 1962
Gesamtherstellung: Westdeutscher Verlag

Inhalt

1. Inhaltsangabe 7

2. Einleitung 8

3. Plan der Arbeit 10

4. Physikalische und mechanische Eigenschaften der Kanalisationssteinzeugrohre 12

5. Physikalische und mechanische Eigenschaften von kleinen Versuchsröhren 22

6. Chemischer und mineralogischer Aufbau des Kanalisationssteinzeugs .. 47

7. Bedeutung der Schwankungen im Aufbau der Rohstoffe 64

8. Die Reaktion von Al_2O_3-reichem Ton mit Klebsand 78

9. Zusammenfassung 80

10. Literaturverzeichnis 84

1. Inhaltsangabe

Die in jahrelangen Prüfungen von Steinzeugröhren aus der laufenden Produktion angefallenen Ergebnisse wurden unter Berücksichtigung der Masseversätze statistisch ausgewertet. Auf Grund dieser Ergebnisse wurden kleine Versuchsröhren unter Verwendung von Tonen sehr unterschiedlicher chemischer Zusammensetzung unter Zusatz von verschieden gebrannter und unterschiedlich gekörnter Schamotte hergestellt. Die Schamottemengen wurden zwischen 10–40% variiert, bzw. beim konstanten Schamotteanteil von 30% wurden den Massen ausgewählte Kornfraktionen zugesetzt. Als weitere Zusatzmittel fanden Glasmehl, Quarzmehl und Nephelin-Syenit Verwendung. Die Herstellung der Versuchsmassen erfolgte auf einer Labor-Vakuumstrangpresse.
Nach der Trocknung wurden die Röhrchen im Laborofen bei verschiedenen Temperaturen sowie in einem Tunnel- und einem Einzelofen der Steinzeugindustrie gebrannt. Anschließend wurden die physikalisch-mechanischen Eigenschaften (Wasseraufnahme, Porosität, Dichte, Wasser-, Luftdurchlässigkeit, Festigkeit) sowie die chemische Zusammensetzung und der mineralogische Aufbau untersucht.
Die Eigenschaften und der Aufbau der Röhrchen mit sehr unterschiedlicher Zusammensetzung wurden miteinander verglichen; die Zusammenhänge wurden herausgestellt und diskutiert.
An Hand wichtiger Tone zur Herstellung von Kanalisationssteinzeug wurde auf die Bedeutung ungleichmäßiger Rohstoffe im Hinblick auf die Produktion hingewiesen. Zu diesem Zweck wurden in einigen Tongruben Profilnahmen durchgeführt und die Tone analytisch, keramisch und technologisch nach dem Brennen untersucht.
Auf Grund der gewonnenen Erkenntnisse wurde die Frage der Verwendbarkeit von Klebsand bzw. Quarz studiert.

2. Einleitung

Das Kanalisationssteinzeugrohr hat Abwässer abzuleiten und daher folgende Aufgaben zu erfüllen:

2.1

Das Steinzeugrohr muß gegenüber Abwässern, die meist eine leichte Aggressivität, d. h. einen leicht sauren Charakter haben, widerstandsfähig sein; dies ist fast immer der Fall, was schon durch die gute chemische Beständigkeit, z. B. gegen Schwefelsäure, aufgezeigt wird.

2.2

Das Steinzeugrohr muß eine genügende Festigkeit aufweisen, wenn es im Erdboden verlegt wird, z. B. um Lasten, herrührend aus dem Straßenverkehr, auszuhalten. Ein Maß hierfür ist eine der kennzeichnenden mechanischen Eigenschaften, wie Druckfestigkeit, Biege- oder Zugfestigkeit oder der Elastizitätsmodul.

2.21

Wie angedeutet, bestehen zwischen den mechanischen Festigkeitseigenschaften, wie Druck- und Biegefestigkeit, statistisch gesicherte Zusammenhänge, und zwar ist bei niedrigen Festigkeiten das Verhältnis von Druck- zu Biegefestigkeit etwa 1:1; bei hohen Werten steigt es bis zu etwa 8:1 an [1].

2.22

Man ist übereingekommen, das Rohr in einer sogenannten Dreipunktlagerung abzudrücken, wobei es in erster Linie auf Biegefestigkeit beansprucht wird. Um Rohre verschiedener Wandstärke und verschiedener Länge miteinander vergleichen zu können, ist es notwendig, aus den Abmessungen unter Benutzung der Formeln der Festigkeitslehre die sogenannte Ringbiegefestigkeit abzuleiten.

2.3

Das Rohr muß gegen Abrieb genügend beständig sein, da von den Abwässern häufig sandige Bestandteile mitgenommen werden. Es ist bekannt, daß zwischen der Abriebfestigkeit und den mechanischen Festigkeiten, z. B. der Druckfestigkeit, ein Zusammenhang besteht, und zwar ist oberhalb einer Minimalfestigkeit der Abrieb geringfügig [2, 3]. Wenn daher die Scheiteldruck- bzw. Ringbiegefestigkeit der Steinzeugrohre genügend hoch ist, kann man von der Bestimmung der Abriebfestigkeit vorerst absehen.

2.4

Das Rohr muß auch genügend undurchlässig für die Abwässer sein, d. h., seine Wasserdurchlässigkeit soll möglichst gering sein; diese Eigenschaft ist bis zu einem gewissen Grad unabhängig von der Porosität und der Festigkeit [4, 5].

2.5

Bezüglich der Zusammenhänge zwischen Festigkeit, Durchlässigkeit und Aufbau des Steinzeugscherbens muß man sich vergegenwärtigen, daß diese vom Aufbau und von Fabrikationsfehlern beeinflußt werden.

2.51

Der Aufbau wird gekennzeichnet durch:

die chemische Zusammensetzung,
den mineralogischen Aufbau (Glasanteil, Kristallanteil, Kristallgute),
den Porenaufbau (es ist nach dem Porenraum und der Porenverteilung zu unterscheiden, wobei die Festigkeit in erster Linie vom Porenraum, die Durchlässigkeit überwiegend von der Porenverteilung beeinflußt wird).

2.52

Fabrikationsfehler sind:

Mischfehler, Preßfehler, Trockenfehler, Brennfehler, Kühlfehler.

Die Fehlermöglichkeiten aus der Fabrikation beeinflussen die Ergebnisse erheblich, in erster Linie durch Bildung von Mikrorissen oder sogar sichtbaren Rissen. Es ist daher unmöglich, aus einzelnen oder selbst aus wenigen Werten Ableitungen zu den Beziehungen zwischen Eigenschaften und Aufbau durchzuführen. Nur eine große Zahl von Ergebnissen gestattet, mit Hilfe der statistischen Analyse Hinweise zu erhalten, welche dann durch gezielte Versuche und synthetische Mischungen bestätigt werden müssen[1].

[1] Es wird allen Beteiligten gedankt, daß das Forschungsinstitut z. B. die Masseversatze erhielt, welche selbstverstandlich nicht bekanntgegeben werden, aber in verschlusselter Form eine Auswertung der Untersuchungsergebnisse ermoglichten.

3. Plan der Arbeit

3.1

Systematische, praktische und wissenschaftliche Untersuchungen uber die Eigenschaften von Kanalisationssteinzeug sind bisher nur kaum bekannt geworden. Es mußte daher erst durch eine größere Reihe von Versuchen das Feld abgesteckt werden, wo und aus welchen Gründen Unterschiede in den Eigenschaften der Steinzeugrohre einer längeren Herstellungsperiode bestehen. Auf Grund der Versuchsergebnisse und der gefundenen oder vermuteten Zusammenhänge sollten anschließend an einer Reihe von synthetischen Mischungen die Schlüsse labormäßig bestätigt und ergänzt werden.

3.2

Die Arbeit wurde folgendermaßen eingeteilt:

3.21

Auswertung der in jahrelangen Untersuchungen erhaltenen Prüfwerte von Steinzeugrohren aus der laufenden Fabrikation der Firmen, unter Berücksichtigung der Masseversätze.

3.22a

Herstellung von kleinen Versuchsröhren aus verschiedenen Rohstoffen. Zusatz von verschieden gebrannter und unterschiedlich gekörnter Schamotte. Systematische Veränderung der Schamottemenge.

3.22b

Herstellung von Sondermassen mit besonders hohem Fe_2O_3-Gehalt, unter Verwendung von Klebsand, mit Zusatz von Quarzmehl, Glasmehl und Nephelinsyenit.

3.22c

Prüfung der mechanisch-physikalischen Eigenschaften und Studium der Zusammenhänge.

3.23

Bestimmung der chemischen Zusammensetzung und des mineralogischen Aufbaus.

3.24

Der Einfluß der Brennbedingungen auf die physikalisch-mechanischen Eigenschaften und den Mineralaufbau.

3.25

Die Bedeutung der Schwankungen in Zusammensetzung und Aufbau der Rohstoffe.

4. Die physikalischen und mechanischen Eigenschaften des Steinzeugrohres

4.1

Der Porenaufbau

Dichte, Gesamtporosität (Pw) und offene Poren (Ps) wurden nach DIN *51056* und *51057* ermittelt. Die Schwankungen in der Dichte sind, wie zu erwarten war, gering, hingegen jene für den Gesamtporenraum erheblich (Abb. 1). Zur Porengrößenverteilung wurden nur einige orientierende Untersuchungen nach der Quecksilbermethode [6, 7] durchgeführt.

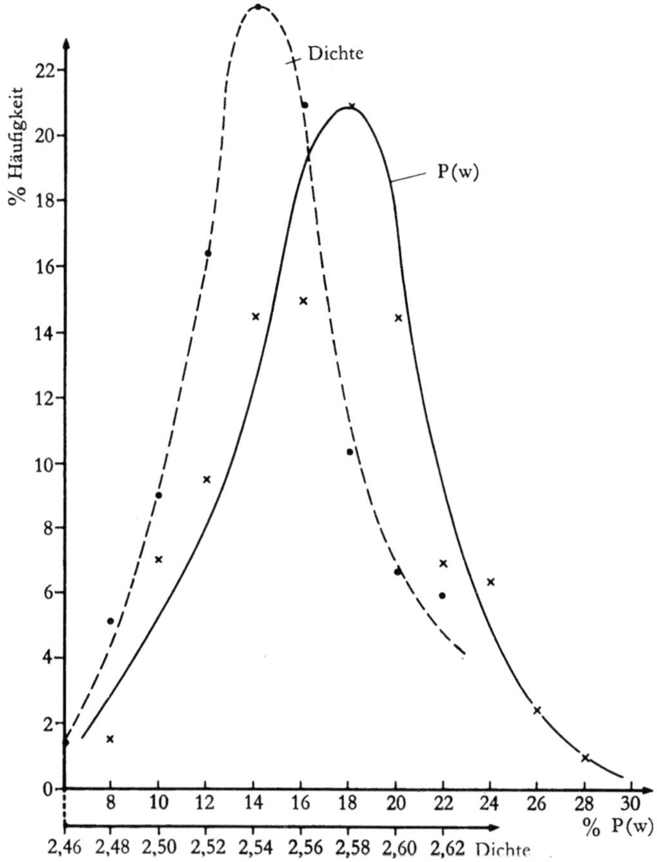

Abb. 1 Haufigkeitsverteilung fur Dichte und wahre Porositat

4.2

Die Ringbiegefestigkeit

Um Rohre verschiedener Länge und Wandstärke vergleichen zu können, muß man statt der Scheiteldruckfestigkeit die Ringbiegefestigkeit heranziehen. Im Hinblick auf ihre Bedeutung sei hier noch einmal kurz die Ableitung gegeben:

Bei der Belastung eines Rohres auf Scheiteldruck handelt es sich um eine Biegebeanspruchung, die man sich derart vorzustellen hat, daß der ringförmige Querschnitt eines Rohres zu einer Ellipse deformiert wird. Grundlegend in der Biegetheorie ist der Zusammenhang:

$$\sigma_{b\,max} = \frac{M_b}{W} \qquad (kg/cm^2)$$

Diese Biegefestigkeit ist aus der Beanspruchung und den Abmessungen des Rohres ermittelbar. Für den Fall, daß ein Rohr durch zwei diametral entgegengesetzt gerichtete Kräfte beansprucht wird, ergibt sich eine Momentverteilung 1) über den Rohrumfang:

$$M_{b\,ges.} = M_O - M_b(\varphi) = K\left(\frac{r_m}{4} - \frac{r_m}{2} \cdot \sin\varphi\right) \qquad (cm/kg)$$

$$M_{b\,ges.} = K \cdot \frac{r_m}{2} \cdot (1/2 - \sin\varphi) \qquad (cm/kg)$$

Wie aus Abb. 2 zu ersehen ist, liefert die Kraft $\frac{K}{2}$ in einem unter dem Winkel φ gelegenen Schnitt das Biegemoment $\frac{K}{2} \cdot r_m \cdot \sin\varphi$. Aus der Einspannung resultiert das Moment M_O, welches M_b entgegengesetzt gerichtet ist. Es ergibt sich aus den Gleichgewichtsbeziehungen zu:

$$M_O = K \cdot \frac{r_m}{4}$$

φ wird hierbei vom Scheitel abgerechnet. Da sin φ im Grenzfalle 0 oder 1 werden kann, erhält man für das maximale Biegemoment den Wert:

$$M_{max} = K \cdot \frac{r_m}{4}$$

Dieses maximale Biegemoment ist dem Betrag nach gleich an Scheitel, Fuß und den beiden Seiten. Wählt man die Beziehungen:

r = Innenradius in cm
dr = Wandstärke in cm
l = Länge des Rohres in cm
K = Scheiteldrucklast in kg/cm Länge

Bruch eines Rohres

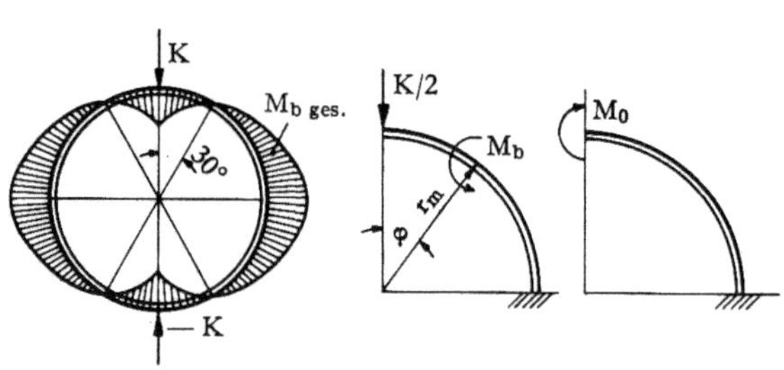

Biegemomentenverteilung

Abb. 2

so ist das maximale Biegemoment pro cm Rohrlänge

$$M_{b\,max} = K \cdot \frac{r_m}{4} = \frac{K}{4} \cdot \frac{2\,r + dr}{2} \qquad (cm/kg)$$

Unter Einführung des Widerstandsmomentes, welches in unserem Falle $\frac{dr^2}{6}$ ist, erhält man für die Ringbiegefestigkeit die Formel:

$$\sigma_b = \frac{3}{4} K \cdot \frac{2\,r + dr}{dr^2} \qquad (kg/cm^2)$$

Die Ringbiegefestigkeit sollte der Biegezugfestigkeit entsprechen. Erfahrungsgemäß ist sie jedoch etwas geringer, weil bei der Prüfung noch zusätzliche Beanspruchungen, z. B. Biegung bei einer leichten Verkrümmung des Rohres, überlagert werden.

4.3

Die Wasserdurchlässigkeit der Rohre wurde folgendermaßen untersucht:

Bei den Untersuchungen an den Röhrchen aus synthetischen Mischungen wurde mit der in Abb. 3 abgebildeten Apparatur gearbeitet. Die Röhrchen wurden im wassersatten Zustand eingespannt und die durchtretende Wassermenge/Zeiteinheit

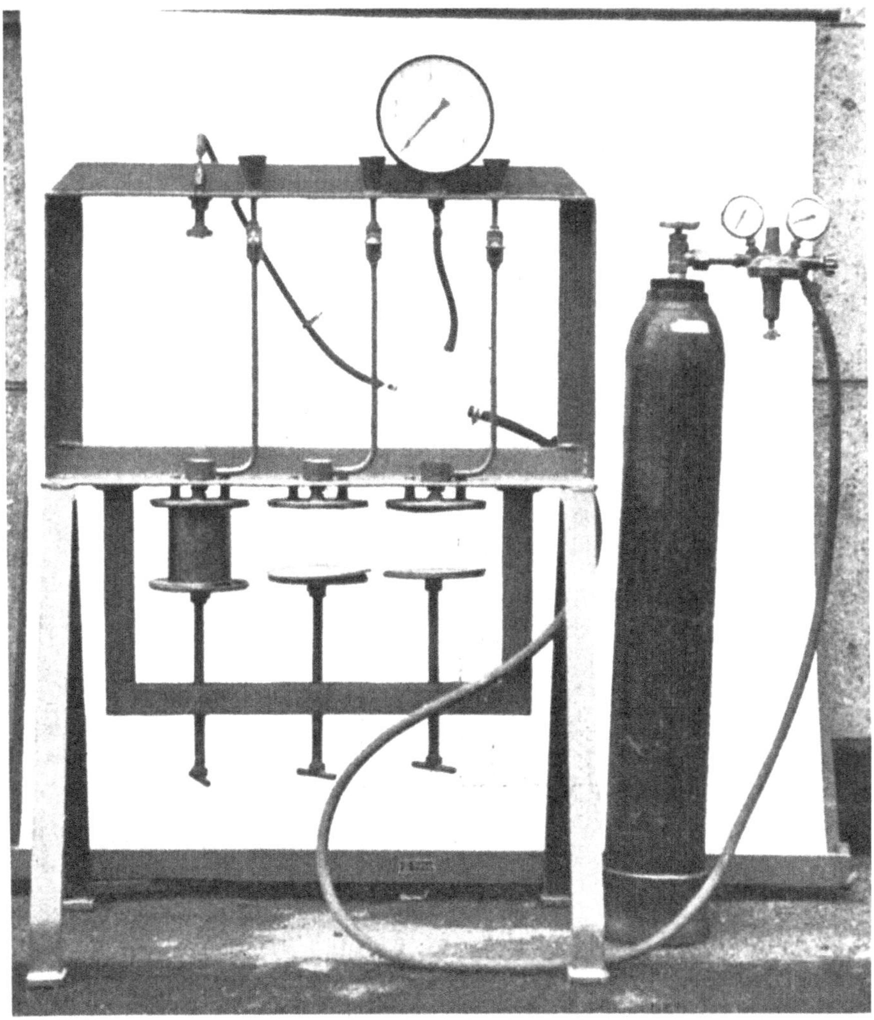

Abb. 3 Apparatur zur Bestimmung der Wasser- und Luftdurchlassigkeit

bei einem bestimmten Druck ermittelt. Als ergänzender Wert wurde vor der Prüfung der Wasserdurchlässigkeit am trockenen Röhrchen die Luftdurchlässigkeit bestimmt. Die Berechnung der Ergebnisse erfolgte nach DIN *51058* unter Berucksichtigung der verschiedenen Zähigkeiten von Luft und Wasser, so daß eindeutige Vergleiche möglich sind.

4.4

Statistische Zusammenhänge zwischen der Ringbiegefestigkeit und den übrigen physikalischen Werten der Steinzeugrohre.

4.41

Das vorhandene große Ziffernmaterial und die Angabe der Mischungsversätze gestatteten die Anwendung der statistischen Analyse. So wurde z. B. die Festigkeit der über mehrere Jahre geprüften Lieferungen ausgewertet; die Werte schließen sich einer Gaußschen Verteilungskurve eng an (Abb 4).

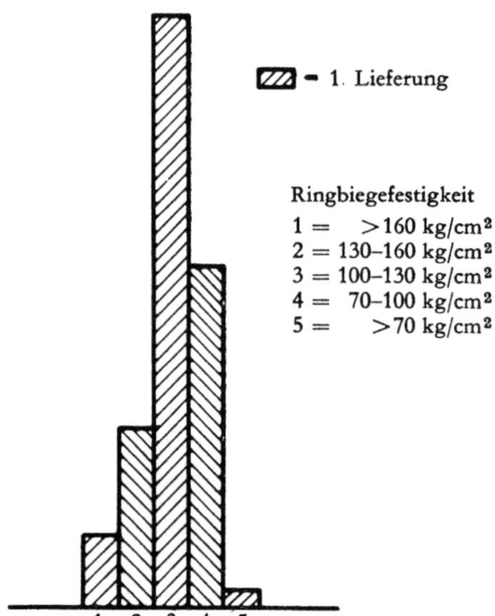

Abb. 4 Festigkeitsbewertung der gepruften Steinzeugrohre (nach Lieferungen)

4.42

Um zu sehen, welche Faktoren einen Einfluß auf die Festigkeit haben könnten, wurde die Festigkeitsverteilung in Abhängigkeit von den Masseversätzen untersucht (Abb. 5). Es zeigte sich hierbei, daß die Verteilung der Werte bei Zusatz

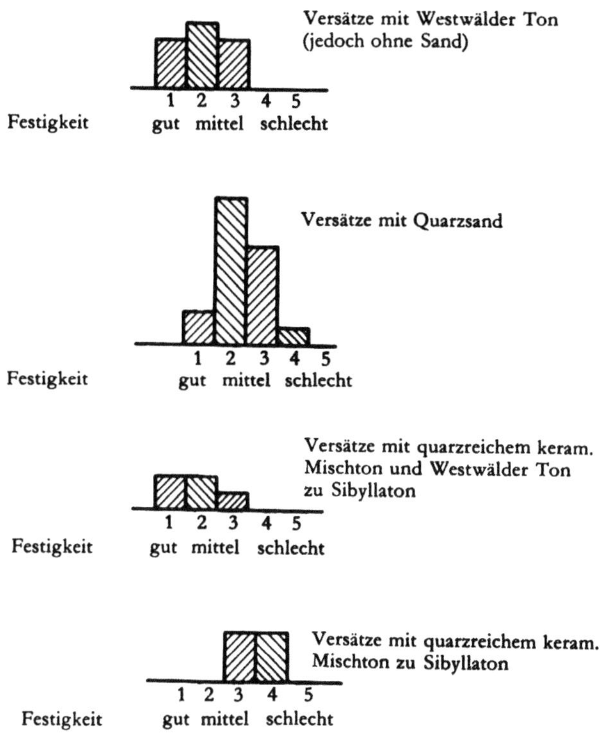

Abb. 5 Festigkeitsbewertung der gepruften Steinzeugrohre

von Westerwälder Tonen – unabhängig davon, ob sie in größerer oder geringerer Menge verwendet wurden – günstig liegt.
Merkwürdig war das Ergebnis der Auswertung der Versätze mit einem quarzreichen keramischen Mischton. Differenziert man sämtliche Versätze in solche, die nur keramischen Mischton und Sybilla-Ton, und solche, welche den keramischen Mischton, Westerwälder Ton und Sybilla-Ton enthielten, so ergab sich, daß nur im Falle der Zumischung des hochsauren Mischtones zu Westerwälder Ton und Sybilla-Ton günstige Festigkeitswerte beobachtet wurden.
Die Auswertung der Versätze, welche Quarzsand enthielten, ergaben allgemein schlechtere Werte, insbesondere wenn die Quarzsandmenge etwa 10% betrug, doch waren einige Werte überraschend gut.

4.43

Der Einfluß der zugesetzten Schamottemenge konnte durch die statistische Analyse nicht erfaßt werden. Dies dürfte darin seine Erklärung finden, daß mit dem Wort »Schamottezusatz« die verschiedensten Rohstoffe aus eigenem Bruch, gekaufter Schamotte und Brocken aus gebrannten Steinen bezeichnet werden, die auch in verschiedener Körnung eingebracht werden. Demgegenüber konnte man jedoch in Einzelfällen (Abb. 6) feststellen, daß mit höherem Schamottezusatz die Porosität steigt und somit auch die Festigkeiten absinken.

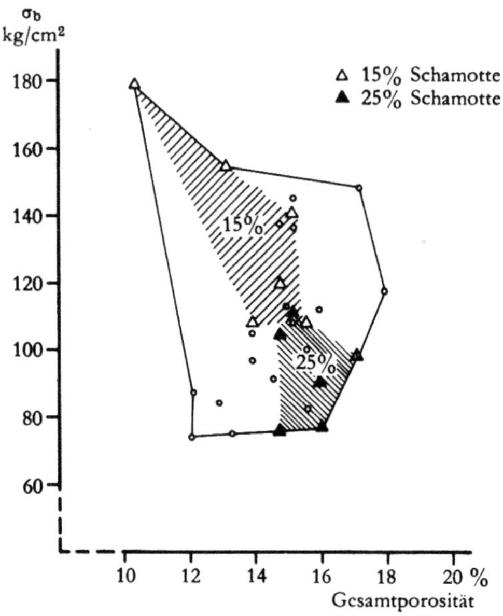

Abb. 6 Massen einer Firma mit verschiedenem Schamottenanteil

4.44

Es wurde schon darauf hingewiesen, daß die Festigkeit maßgeblich von Fehlern beim Mischen und Pressen beeinflußt wird. Eine gute Aufbereitung schafft in vielen Fällen erst die Voraussetzung für gute Festigkeitseigenschaften. In Abb. 7 sind die Festigkeits- und Porositätswerte zweier Firmen aufgetragen, welche mit fast gleichen Masseversätzen arbeiteten. Werk A besitzt eine gute Aufbereitung, wohingegen die Aufbereitung des Werkes B als schlecht und veraltet zu bezeichnen ist. Es läßt sich, wie das Abb. 7 zeigt, eine Ordnung der Festigkeitswerte vornehmen nach einem Minimalwert des Werkes A und einem Maximalwert des Werkes B.

4.45

Es ist naheliegend, anzunehmen, daß mit einer Zunahme der Gesamtporosität die Ringbiegefestigkeit absinkt; der Zusammenhang kann nur lose sein, da die Materialfestigkeit auch noch durch den Gefugeaufbau, durch die im Scherben vorhandene Heterogenität und auch durch den mineralogischen Aufbau beeinflußt

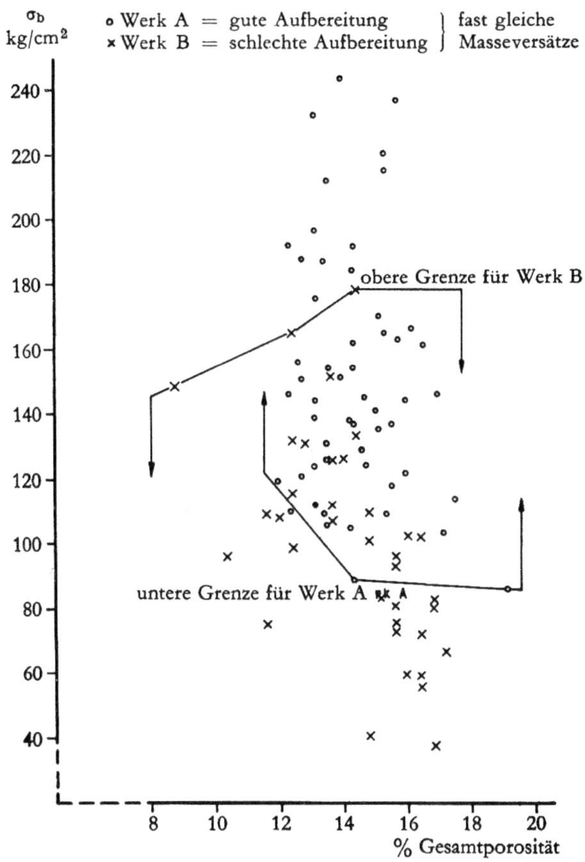

Abb. 7 Einfluß der Aufbereitung auf die Festigkeit

wird. In Abb. 8 ist der Zusammenhang zwischen Ringbiegefestigkeit und Gesamtporosität aufgezeigt. Man erkennt, daß oberhalb, etwa 20% Porosität, die Festigkeit zumeist unbefriedigende Werte hat, während unterhalb einer kritischen Prosiotät (etwa 12%) eine gute Festigkeit zu erwarten ist. Die Gesamtporosität gibt also einen Hinweis auf die Festigkeitseigenschaften des Scherbens.

4.46

Um den Einfluß des Sinterungsgrades (Zusammenwirken zwischen Brennhöhe und dem vorliegenden Flußmittel in der Masse) zu klären, wurde der Versuch gemacht, die Festigkeit in Abhängigkeit von dem Verhältnis der geschlossenen Poren zum Gesamtporenraum an einer Reihe von Lieferungen verschiedener Firmen aufzutragen. Man erkennt in Abb. 9, daß bei einem hohen Anteil an ge-

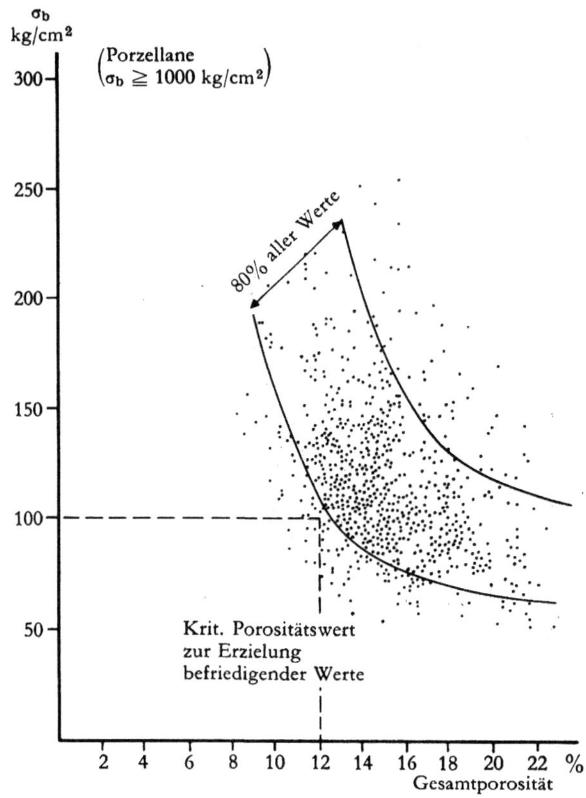

Abb. 8 Festigkeitswerte von annahernd 1000 Rohren (1955)

schlossenen Poren sich hohe Festigkeitswerte ergeben und daß diese mit geringerem Anteil an geschlossenen Poren absinken. Bei gleicher Porosität wirkt sich ein hoher Anteil an geschlossenen Poren gunstig auf die Festigkeit aus, sofern man die geschlossenen Poren als das Ergebnis eines gut gesinterten Scherbens ansehen kann. In diese Zusammenhänge passen z. B. nicht solche Masseversatze, welche merkliche CaO-Mengen enthalten.

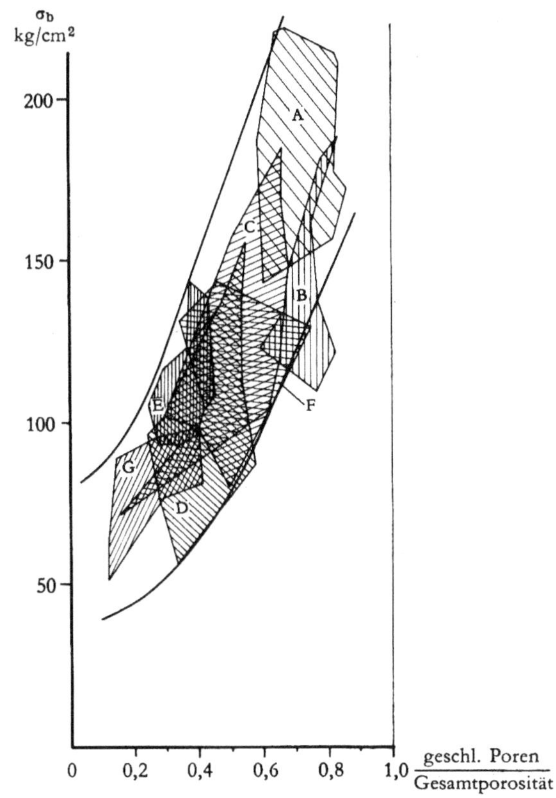

Abb. 9 Porentextur der untersuchten Rohre von 7 Firmen

5. Die physikalischen und mechanischen Eigenschaften von kleinen Versuchsrohren

Nach der Auswertung der physikalisch-mechanischen Prüfdaten von Steinzeuglieferungen aus der Industrie erschien es als erforderlich, Versuchsmassen herzustellen. Sie sollten in der Menge, der Art und der Körnung der Schamotte unterschiedlich sein, um die Wirkung des Magermittels klar herauszustellen. Ferner sollte der chemische Aufbau sehr voneinander unterschieden sein, um das Sinterverhalten und den Einfluß der chemischen Zusammensetzung auf die Eigenschaften festzustellen.
Porenraum und Porengrößenverteilung beeinflussen die Festigkeit und die Durchlässigkeit. Sie sind abhängig von der verwendeten Körnung des Magermittels, dem Brennverhalten des Tones und des Magermittels. Mit zunehmender Menge an Schamotte nehmen alle Porenklassen zu. In der Zwischenzeit wurde erkannt, daß in Schamottemassen grobes Korn zu einem erhöhten Anteil an Grobporen führt [8], obwohl häufig der Porenraum nicht oder nur unwesentlich verändert wird. Mit der durchschnittlichen Porengröße oder richtiger der Porengrößenverteilung steht die (Gas-)Durchlässigkeit in Zusammenhang.
Bei den feuerfesten Erzeugnissen wurden statistische Zusammenhänge zwischen der Porosität, der (Gas-)Durchlässigkeit und der Kaltdruckfestigkeit gefunden [9]. Es war daher zu erwarten, daß auch beim Steinzeug ähnliche Beziehungen bestehen: abfallende (Ringbiege-)Festigkeit und steigende (Wasser-)Durchlässigkeit mit steigendem Gesamtporenraum.

5.1

Die Herstellung der Versuchsröhren.

5.11

Rohstoffe

Für die Untersuchungen wurden die folgenden Rohstoffe verwendet: Ton aus der Grube Sybilla, ein im Eisengehalt höher liegender Ton (J), ein speziell eisenreicher Ton (K), ein speziell magerer Ton (F), ein Al_2O_3-reicher Ton aus einer Westerwälder Grube (W) und ein Klebsand; Schamotte aus hoch sowie schwach gebranntem Sybilla-Ton und Eigenbruch eines Steinzeugwerkes. Als weitere Zusatzmittel wurden Glasmehl, Quarzmehl und Nephelinsyenit geprüft.
Die Korngrößenverteilung einiger der verwendeten Rohstoffe, bestimmt durch die Sedimentationsanalyse nach ANDREASEN (DIN *51033*) bzw. durch die Naßsieb-

analyse, wurde in Abb. 10 dargestellt. Es zeigte sich, daß der verwendete Westerwälder sowie der Sybilla-Ton fast die gleiche Korngrößenverteilung hatten; auch bei den zugesetzten verschiedenen Sorten von Grob- bzw. Feinschamotte war der Körnungsaufbau ähnlich. Der verwendete Klebsand lag auf Grund seines hohen und groben Quarzanteiles in der Kornfeinheit zwischen den Tonen und den Schamottesorten.

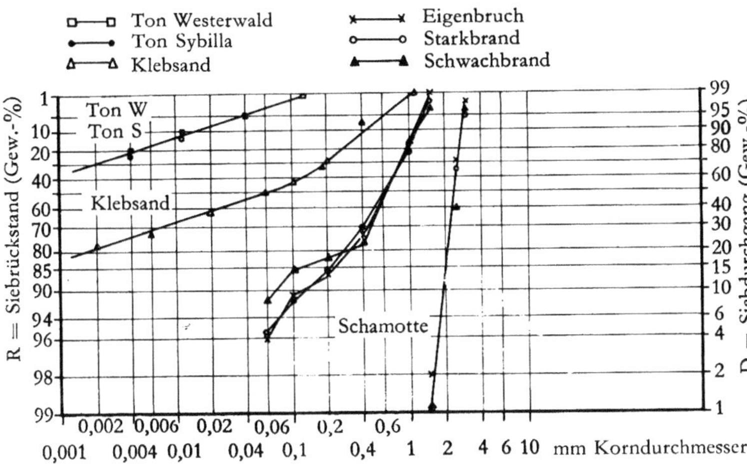

Abb. 10 Kornzusammensetzung der Rohstoffe

5.12

Herstellung der Massen und Ausziehen der Röhren

Die zur Verformung notwendige Wassermenge wurde nach den DKG-Richtlinien [10] bestimmt. Die Herstellung der Massen erfolgte durch Mischen der mit Wasser versetzten Rohstoffe, durch intensives Kneten, anschließendem zweimaligem maschinellem Mischen und Vorziehen von Batzen auf einer Vakuumstrangpresse. Auf diese Art sollten Inhomogenitäten durch Mischungs- oder Aufbereitungsfehler vermieden werden. Texturfehler, die mit der Formgebung auf der Strangpresse in ursächlichem Zusammenhang stehen (z. B. Schichtung), können und sollten nicht ausgemerzt werden.
Nach dem Vorziehen wurden die Tonstränge wasser- und luftdicht in Kunststofftücher verpackt und 14 Tage mauken gelassen. Anschließend wurden auf der Vakuumpresse Versuchsröhren mit folgenden Abmessungen vorgezogen:

Außendurchmesser:	90 mm
Länge:	200 mm
Wandstärke:	15 mm

In der Tab. 1 sind die Massezusammensetzungen sowie der an einer besonderen Probe ermittelte Anmachewassergehalt aufgeführt. Der Tongehalt der Massen lag

Tab. 1 Zusammensetzung der Versuchsmassen

Grobschamottierte Massen					Feinschamottierte Massen				
Masse	Anmachewasser	Tonqualitat	Schamottekornung 0–1,5 mm	Schamottekornung 1,5–3 mm	Masse	Anmachewasser	Tonqualitat	Schamottekornung 0–1,5 mm	Schamottekornung 1,5–3 mm
	%	%	%	%		%	%	%	%
H_1	27,5	90 Sybilla	2	8	H_4	22,5	90 Sybilla	10	–
H_2	28,0	80 Sybilla	4	16	H_5	23,0	80 Sybilla	20	–
H_3	23,7	70 Sybilla	6	24	H_6	21,8	70 Sybilla	30	–
H_7	22,8	60 Sybilla	8	32	H_8	17,2	60 Sybilla	40	–
E_1	21,4	90 Sybilla	2	8	E_4	27,2	90 Sybilla	10	–
E_2	22,5	80 Sybilla	4	16	E_5	22,2	80 Sybilla	20	–
E_3	22,2	70 Sybilla	6	24	E_6	23,2	70 Sybilla	30	–
E_7	17,4	60 Sybilla	8	32	E_8	16,0	60 Sybilla	40	–
S_1	26,9	90 Sybilla	2	8	S_4	27,8	90 Sybilla	10	–
S_2	26,9	80 Sybilla	4	16	S_5	26,6	80 Sybilla	20	–
S_3	25,3	70 Sybilla	6	24	S_6	20,6	70 Sybilla	30	–
S_7	21,4	60 Sybilla	8	32	S_8	20,6	60 Sybilla	40	–

H = Versatz mit Hartbrandschamotte
S = Versatz mit Schwachbrandschamotte
E = Versatz mit Eigenbruchschamotte

Tab. 1 (Fortsetzung) *Zusammensetzung der Sondermassen**

Masse	Anmachewasser	Tonqualitat	Schamottekörnung 0–1,5 mm	Schamottekörnung 1,5–3 mm	Sonstige Zusatze
	%	%	%	%	%
N_1	20,8	68,5 Sybilla	5,5	23,0	3,0 Nephelin-Syenit
N_3	20,8	67,5 Sybilla	5,0	22,5	5,0 Nephelin-Syenit
N_2	20,9	68,5 Sybilla	28,5	–	3,0 Nephelin-Syenit
N_4	20,8	67,5 Sybilla	27,5	–	5,0 Nephelin-Syenit
K	18,6	80,0 K	20,0	–	–
J	25,4	80,0 J	20,0	–	–
T_1	24,2	40,0 Sybilla + 30,0 Westerw.	–	–	30,0 Klebsand
T_2	24,4	70,0 Sybilla + 15,0 Westerw.	–	–	15,0 Klebsand
S 100		100,0 Sybilla	–	–	–
S_{G1}		97,5 Sybilla	–	–	2,5 Glasmehl
S_{G2}		95,0	–	–	5,0 Glasmehl
S_{G3}		90,0	–	–	10,0 Glasmehl
F 100		100,0 F	–	–	–
F 80		80,0 F	20,0	–	–
F 50		50,0 F + 30,0 J	20,0	–	–
F_{Q1}		95,0 F	–	–	5,0 Quarzmehl
F_{Q2}		75,0 F	20,0	–	5,0 Quarzmehl

* Sondermassen wurden alle mit Hartbrandschamottezusatz hergestellt.

zwischen 90–60%, der Schamottegehalt schwankte zwischen 10–40%; die Schamotte wurde in zwei Körnungen (zwischen 0–1,5 und 1,5–3 mm) zugegeben. Gemagert wurde mit einer Hartbrand- (H), einer Schwachbrandschamotte (S) und mit Eigenbruch (E).

Um zu prüfen, ob und wie sich die Eigenschaften von Steinzeugröhren auch noch durch Zusatz von ausgewählt feinen Körnungen zwischen 0–1,5 mm verändern lassen, wurde eine Reihe weiterer Versuchsmassen hergestellt. Der Schamotteanteil wurde hierbei mit 30% konstant gehalten. Als Rohstoffe wurden Ton von Sybilla und als Schamotte gebrannter Sybilla-Ton mit ausgesiebten Körnungen zwischen 0,5–1,5 mm, 0,2–0,5 mm und < 0,2 mm verwendet. (Körnungsaufbau der Schamotte < 0,2 mm: 0,2–0,1 mm 33%, 0,1–0,06 mm 20%, < 0,06 mm 47%.)

Die verschiedenen Versätze der Massen mit den ausgesiebten Körnungen zwischen 0–1,5 mm sind in der Tab. 2 gegeben. Sie zeigt, daß der Tonanteil konstant 70% und der Schamotteanteil 30% betrug. Dagegen wurden die drei verschiedenen Körnungen des Magermittels zwischen 0–30% variiert. In der Tab. 3 sind die Kornzusammensetzungen der Massen dargestellt. In Abb. 11 ist der Anteil an Grob-, Mittel- und Feinkorn im Dreistoffsystem dargestellt, wobei im Grobkornanteil die Menge zwischen 0,5–1,5 mm, im Mittelkornanteil zwischen 0,06–1,5 mm und im Feinkornanteil < 0,06 mm aufgetragen ist. Es zeigt sehr deutlich, wie systematisch der Kornaufbau der Massen variiert wurde.

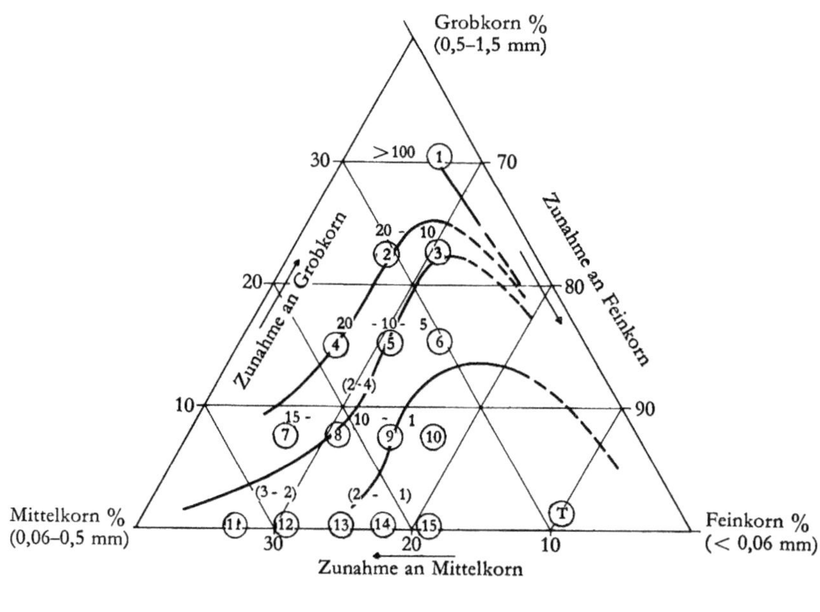

Abb. 11 Kornaufbau der 16 Massen und Änderung der H_2O-Durchlässigkeit (abs.) innerhalb der einzelnen Gruppen

Tab. 2 Masseversätze

Masse	Ton %	Schamottekornung 0,5–1,5 mm %	0,2–0,5 mm %	0,2 mm %
1	70	30	–	–
2	70	22,5	7,5	–
3	70	22,5	–	7,5
4	70	15	15	–
5	70	15	7,5	7,5
6	70	15	–	15
7	70	7,5	22,5	–
8	70	7,5	15	7,5
9	70	7,5	7,5	15
10	70	7,5	–	22,5
11	70	–	30	–
12	70	–	22,5	7,5
13	70	–	15	15
14	70	–	7,5	22,5
15	70	–	–	30
16	70	10	10	10

Tab. 3 Kornzusammensetzung der Massen

Masse	Schamotte grob 1,5–0,5 mm %	mittel 0,5–0,2 mm %	fein + Tonanteil 0,2–0,1 mm %	0,1–0,06 mm %	< 0,06 mm %
1	30,0	1,0	0,3	1,4	67,3
2	22,5	8,5	0,3	1,4	67,3
3	22,5	1,0	2,8	2,9	70,8
4	15,0	16,0	0,3	1,4	67,3
5	15,0	8,5	2,8	2,9	70,8
6	15,0	1,0	5,2	4,4	74,4
7	7,5	23,5	0,3	1,4	67,3
8	7,5	16,0	2,8	2,9	70,8
9	7,5	8,5	5,2	4,4	74,4
10	7,5	1,0	7,7	5,9	77,9
11	–	31,0	0,3	1,4	67,3
12	–	23,5	2,8	2,9	70,8
13	–	16,0	5,2	4,4	74,4
14	–	8,5	7,7	5,9	77,9
15	–	1,0	10,2	7,4	81,4
16	10,0	11,0	3,6	3,4	72,0

5.13

Trocknen und Brennen der Versuchsröhren

Die ausgeformten Röhrchen wurden zuerst vorsichtig an der Luft und anschließend im Trockenschrank bei 110° C getrocknet. Das Brennen erfolgte zwischen 1140 und 1300° C in einem gasgefeuerten Laborofen sowie im Einzel- und Tunnelofen eines Steinzeugwerkes. Das Brennen in den Industrieöfen muß für die jeweilige Ofenart nicht unbedingt repräsentativ sein, da durch das besondere Setzen der Versuchsröhren deren Brennbedingungen nicht vollkommen jener der industriellen Fertigung entsprachen; es muß auch darauf hingewiesen werden, daß die Brände jeweils im gleichen Einzel- und Tunnelofen durchgefuhrt wurden.

5.2

Keramische und physikalische Eigenschaften.

5.21

Die Schwindung ist in erster Linie von der Schamottemenge abhängig; die Vermehrung der Schamottemenge um 10% setzt die Brennschwindung um etwa 1,3% herab. Ein klarer Einfluß der Körnung war nur bei niedriger Brenntemperatur (1140° C) zu erkennen, nicht bei 1300° C bzw. bei den Betriebsbränden. Bei den

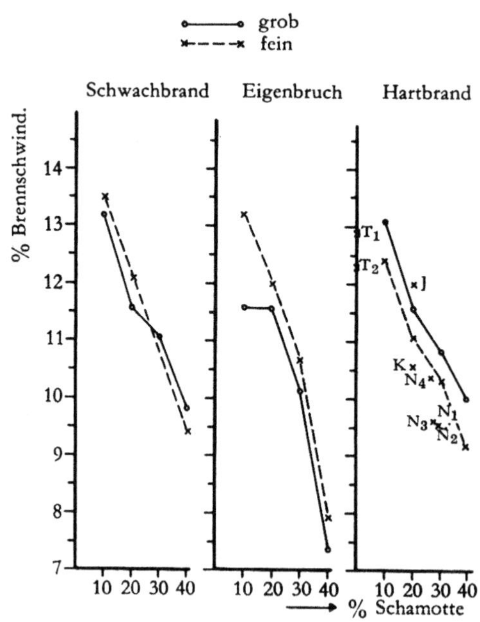

Abb. 12 Schwindung im Tunnelofen

Mischungen mit feiner Schamotte zwischen 0–1,5 mm ist in keinem Fall eine Abhängigkeit der Brennschwindung von der Korngröße der Schamotte zu erkennen. Es wurde lediglich auf Grund der höheren Brenntemperatur und längeren Brennzeit eine im Tunnel- und Einzelofen etwas größere Schwindung als im Laborofen festgestellt. Die Schwindung im Tunnel- bzw. Einzelofen entsprach ungefähr dem Laborbrand bei 1250° C. Von den Massen mit Hartbrand-, Schwachbrandschamotte und Eigenbruch hatten die letzteren die geringste Schwindung (Abb. 12).

5.22

Die Wasseraufnahme

Das Wasseraufnahmevermögen wurde an Teilstücken der Röhrchen durch zweistündiges Kochen bestimmt. Die Ergebnisse sind in den Abb. 13 und 14 dargestellt. Die Wasseraufnahme wird beeinflußt von der Schamottemenge, der Korngröße und in geringerem Ausmaß von der Art der Schamotte und der Brenntemperatur der Röhrchen. Sie steigt ab 10% mit zunehmender Schamottemenge, und zwar entsprechend der Porosität der Magerkorns, stark an. Die unterschiedliche Porosität der verwendeten Schamotte drückt sich also deutlich im fertig gebrannten Röhrchen aus. Bei der Brenntemperatur für Kanalisationssteinzeug tritt noch keine Verdichtung der zugesetzten Schamotte ein. Bei Schamottierung mit Feinkorn ist die Wasseraufnahme um etwa 2% geringer als mit Grobkorn. Die größten Unterschiede zwischen feiner und grober Masse ergaben sich bei niedriger Brenntemperatur (1140° C). Mit steigender Brenntemperatur wurden die Werte und die Unterschiede in der Wasseraufnahme kleiner. Diese starken Unterschiede in der Wasseraufnahme sind jedoch nicht mehr zu erkennen, wenn bei einer konstanten Schamottemenge von 30% Änderungen in der Schamottekörnung zwischen 0–1,5 mm vorgenommen werden.
Die Ergebnisse der im Einzel- bzw. Tunnelofen gebrannten Proben zeigten den gleichen Gang und entsprachen ebenfalls den im Laborofen bei 1250° C gebrannten Proben. Die mit N bezeichneten Massen enthielten als Zusatz Nephelinsyenit. Dieser Flußmittelzusatz brachte interessanterweise keine Verringerung, sondern eher eine geringe Erhöhung der Wasseraufnahme. Die Erhöhung kann auf das beträchtlich frühere Schmelzen der Flußmittelkomponente zurückzuführen sein, was möglicherweise durch Schmelzblasen die Porositat erhöht. Dieses Ergebnis weist darauf hin, daß ein Zusatz von Flußmitteln nur dann sinnvoll ist, wenn er wirklich vollkommen homogen im Ton verteilt ist, und daß ein zu großer Unterschied der Reaktionskomponenten in der Sintertemperatur unzweckmäßig ist.

Die Masse J neigte stark zum Blähen. Sie brannte auf Grund des beträchtlichen Flußmittelgehaltes bereits bei 1140° C dicht, wobei der Kohlenstoff allerdings nur teilweise oxydiert und als CO_2 abgegeben wurde. Pulver aus bei 1140° C gebrannten Röhren ergab nach zweistündigem oxydierendem Glühen bei 1100° C noch einen Glühverlust von fast 8%, welcher auf noch unverbrannten Kohlenstoff zurückgeführt werden muß.

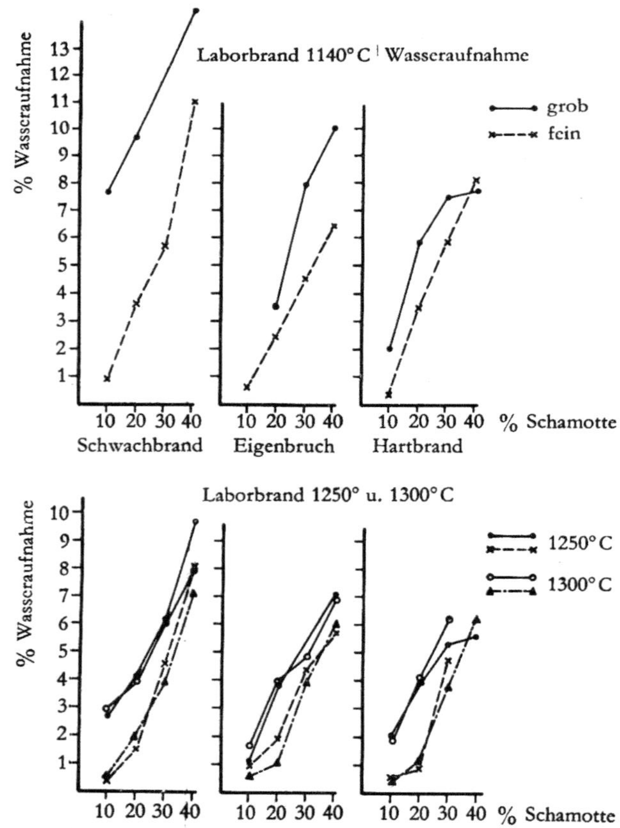
Laborbrand 1140°C | Wasseraufnahme
% Wasseraufnahme
13
12
11
10
9
8
7
6
5
4
3
2
1
grob
fein
10 20 30 40
10 20 30 40
10 20 30 40
% Schamotte
Schwachbrand
Eigenbruch
Hartbrand
Laborbrand 1250° u. 1300°C
% Wasseraufnahme
10
9
8
7
6
5
4
3
2
1
1250°C
1300°C
10 20 30 40
10 20 30 40
10 20 30 40
% Schamotte

Abb. 13

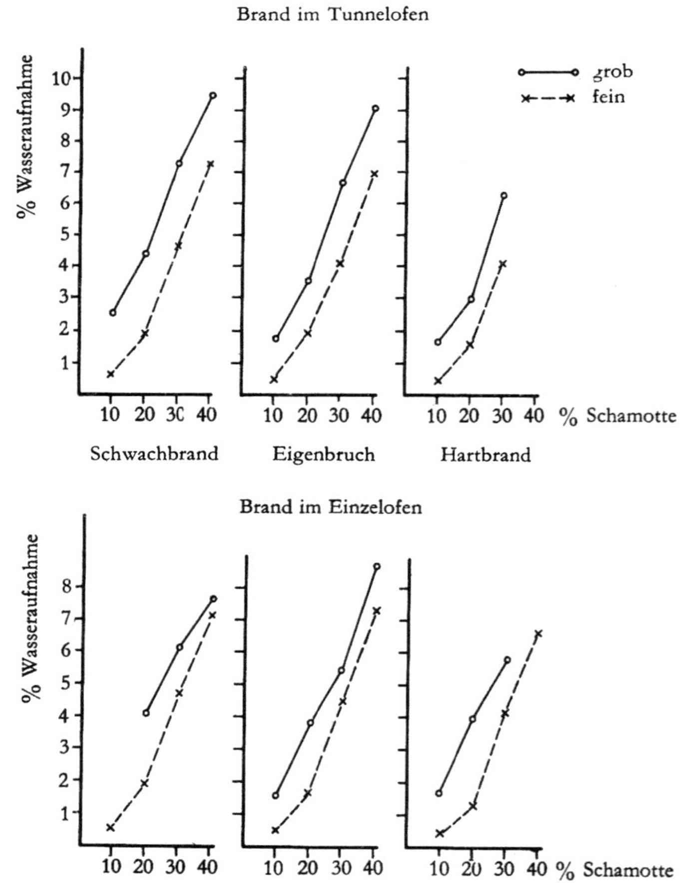
Brand im Tunnelofen
% Wasseraufnahme
10
9
8
7
6
5
4
3
2
1
grob
fein
10 20 30 40
10 20 30 40
10 20 30 40
% Schamotte
Schwachbrand
Eigenbruch
Hartbrand
Brand im Einzelofen
% Wasseraufnahme
8
7
6
5
4
3
2
1
10 20 30 40
10 20 30 40
10 20 30 40
% Schamotte

Abb. 14

Eine Reihe von Versuchsmassen wurden aus dem Ton F ohne Zusatz bzw. verschnitten mit einer anderen Tonkomponente (Ton J) sowie teilweise mit Quarzmehl und Schamotte gemagert, hergestellt. Die Versuche ergaben im Einzelofenbrand einen dichtgesinterten Scherben mit einer Wasseraufnahme um 3%, während die Ergebnisse des Tunnelofenbrandes, was in diesem Fall wohl auf ein ungünstiges Setzen der Röhrchen zurückzufuhren sein dürfte, merklich höher lagen. Der Zusatz von 5% Quarzmehl bewirkte in keinem Fall eine Verbesserung der Dichte des Scherbens.
Die Sondermassen mit der Bezeichnung S_{100}, S_{G1}, S_{G2} und S_{G3} wurden ebenfalls ohne Schamotte aus reinem Sybilla-Ton bzw. mit Glaszusätzen hergestellt. In Übereinstimmung mit den T-Massen zeigte sich, daß bei 100% Ton die Masse bereits bei 1140°C sehr dicht brannte und daß ein Zusatz von 2,5%, 5% und 10% feingemahlenem Glas, ähnlich wie bei den N-Massen, eine Erhöhung der Porosität bewirkte.

5.23

Die Dichte und die wahre Porosität

Die Dichte der Tunnel- und Einzelofenproben der Massen H, S und E, die sich aus dem gleichen Rohstoff zusammensetzten und sich nur jeweils im Ton-Schamotte-Verhältnis unterschieden, zeigte erwartungsgemäß keinen besonderen Gang. Die Streubreite war auffällig hoch und schwankte zwischen 2,48 bis 2,59 g/cm^3. Die wahre Porosität verlief ähnlich der scheinbaren, da der Anteil an geschlossenen Poren nicht sehr unterschiedlich war. Auf eine graphische Darstellung wurde daher verzichtet. Die Vermutung, daß mit abnehmender Schamottierung der Anteil an geschlossenen Poren zunehmen würde oder daß sich die Menge an geschlossenen Poren im Tunnelofenbrand vom Einzelofenbrand wegen unterschiedlicher Atmosphäre unterscheide, wurde nicht bestätigt.

5.24

Die Ringbiegefestigkeit

Die Röhrchen wurden liegend auf einer Druckfestigkeitsapparatur zwischen Gummieinlagen abgedrückt und die Ringbiegefestigkeit berechnet. Die Ergebnisse sind in den Abb. 15–19 dargestellt. Die Festigkeit nimmt vor allem mit der Schamottemenge und dem Kornanteil über 1,5 mm ab, während sie auffälligerweise zwischen 1140–1300°C kaum von der Brenntemperatur beeinflußt wird. Die Festigkeiten der Versuchsmischungen mit Feinkorn lagen durchschnittlich zwischen 150–300 kg/cm^2, jene mit Grobkorn zwischen 100–200 kg/cm^2. Bei Verwendung von Eigenbruch lag die Festigkeit deutlich höher als bei Verwendung gleicher Mengen und gleicher Körnung anderer Schamottesorten.

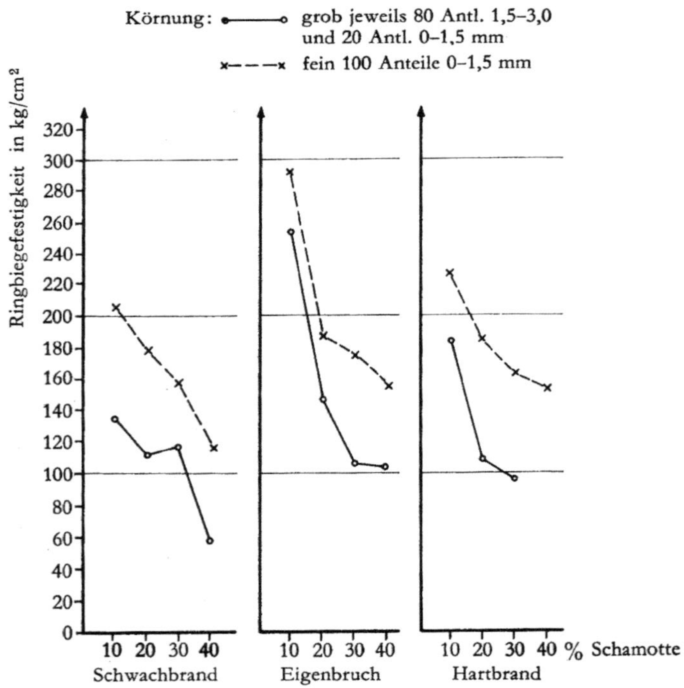

Abb. 15 Ringbiegefestigkeit und Korngroße Schamotte (Brand: Laborofen 1140° C)

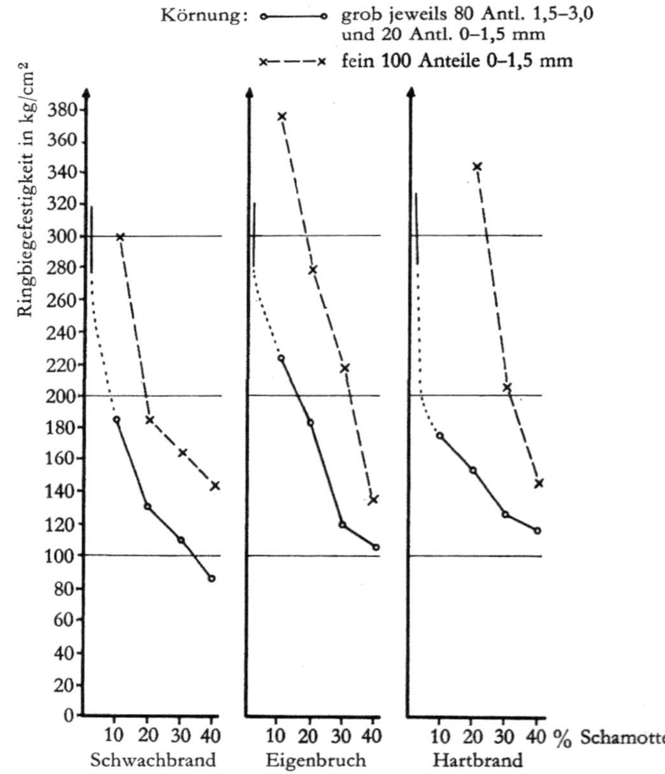

Abb. 16 Ringebiegefestigkeit und Korngroße der Schamotte (Brand : Laborofen 1250° C)

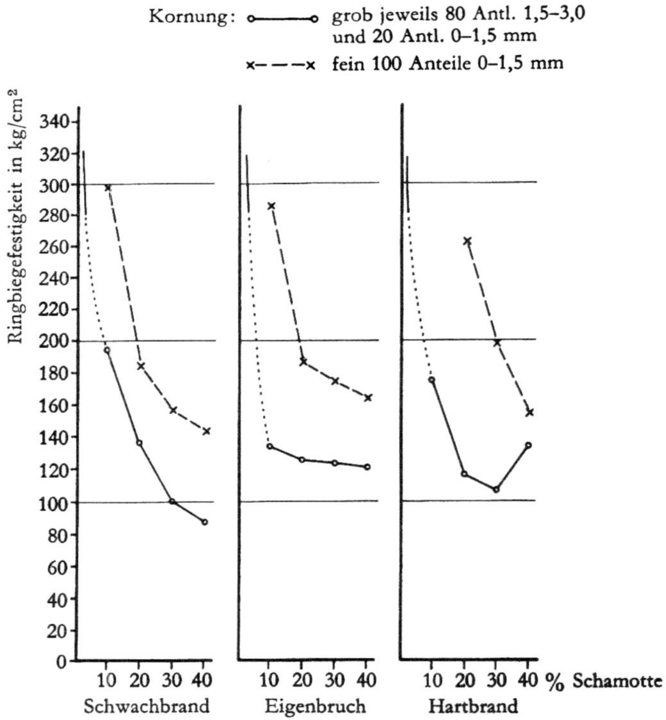

Abb. 17 Ringebiegefestigkeit und Korngröße der Schamotte (Brand : Laborofen 1300°C

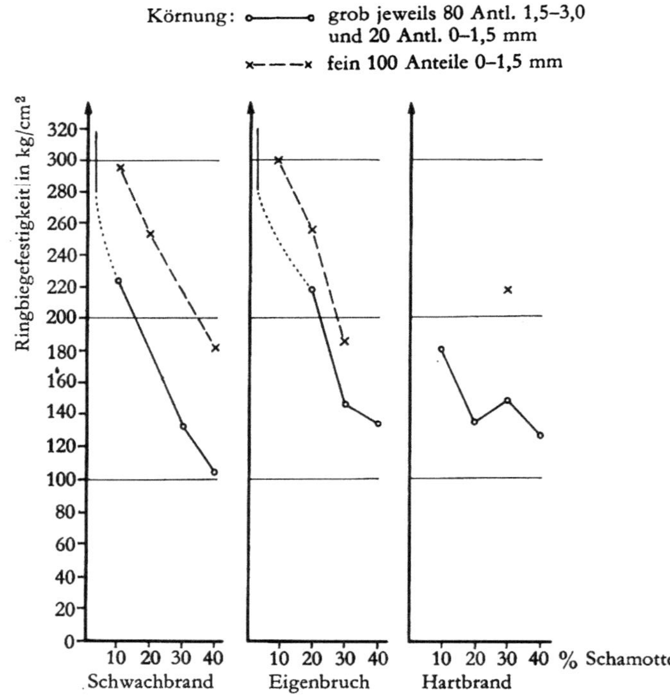

Abb. 18 Ringebiegefestigkeit und Korngröße der Schamotte (Brand : Einzelofen)

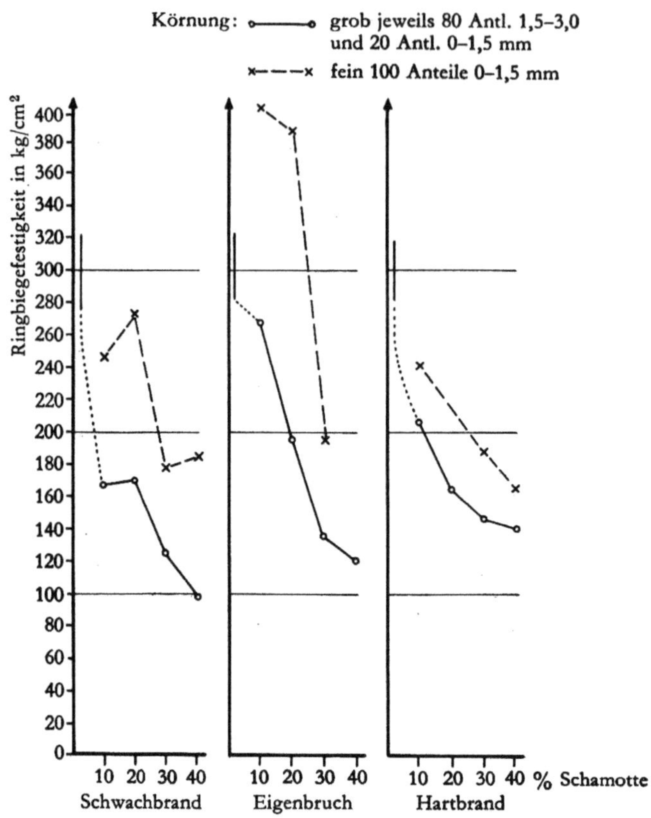

Abb. 19 Ringebiegefestigkeit und Korngroße der Schamotte
(Brand : Tunnelofen)

Während schon durch geringe Mengen an Grobkorn die Festigkeit stark herabgesetzt wird, tritt dies bei Feinschamotte erst bei Zusätzen über 10–20% auf. Manchmal sind die Festigkeiten bei einem Zusatz von 10% Feinschamotte höher, was wohl auf geringere Texturfehler und auf geringere Spannungen zurückzuführen ist, als bei Rohren aus 100% Ton. Eine Veränderung der Kornzusammensetzung der Schamotte unterhalb 1,5 mm beeinflußt die Festigkeit nicht mehr wesentlich. Aus Festigkeitsgründen ist daher die Verwendung einer feineren Schamotte als 0–1,5 mm nicht notwendig.
Bei den Sondermassen wurde der Einfluß des zugesetzten Bindemittels oder der besonderen chemischen Zusammensetzung völlig vom Einfluß der Schamottekörnung überdeckt.

5.25

Das Ausdehnungsverhalten

Dehnungen und Schwindungen beim Aufheizen und Abkühlen der Steinzeugröhren können zu einer feinen Rißbildung führen, welche verständlicherweise die Festigkeit sowie die Durchlässigkeit ungünstig beeinflußt. Es wurde daher auch das Ausdehnungsverhalten der verschiedenen Mischungen dilatometrisch bis 1000° C untersucht.

Einige Ausdehnungskurven mit den typischen Cristobalit- und Quarzeffekten sind in Abb. 20 dargestellt. Auffällig war, daß alle im Tunnelofen gebrannten Massen, bis auf die sehr eisenreiche Masse J, eine geringere Ausdehnung besaßen als die im Einzelofen gebrannten. Wie aus den Kurven hervorgeht, beruht dies auf dem Cristobaliteffekt um 200° C, welcher bei den Steinzeugsorten aus dem Einzelofen merklich größer war. Dieser höhere Effekt beruhte, wie die weiteren Untersuchungen ergaben, auf einem größeren Cristobalitgehalt dieser Proben. Der

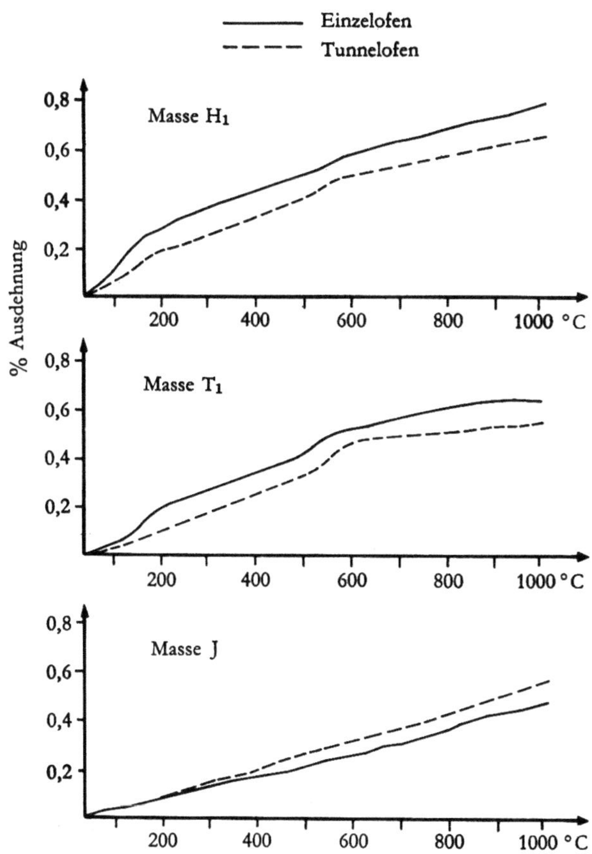

Abb. 20 Ausdehnungskurven

Quarzeffekt war bei 575° C im allgemeinen gleich oder bei den Tunnelofenproben etwas größer.
Die mit merklichen Volumänderungen vor sich gehenden Umwandlungen des Cristobalits (150–300° C) weisen darauf hin, daß es noch bei sehr niedrigen Temperaturen zu Kühlrissen kommen kann, wenn die Abkühlung in diesem Temperaturbereich zu schnell erfolgt.

5.26

Einfluß der Körnung auf die Wasser- bzw. Luftdurchlässigkeit

Neben der Festigkeit ist die Wasserdurchlässigkeit der Steinzeugrohre von entscheidender Bedeutung. Um Zusammenhänge mit den Herstellungsbedingungen (Rohstoffe, Körnung des Magermittels, Brand) zu finden, konnte nicht von der Großzahluntersuchung industriell hergestellter Röhren ausgegangen werden, da Fehler, wie einzelne Risse oder poröse Stellen, bei nicht homogener Mischung sich in der Durchlässigkeit besonders stark auswirken.

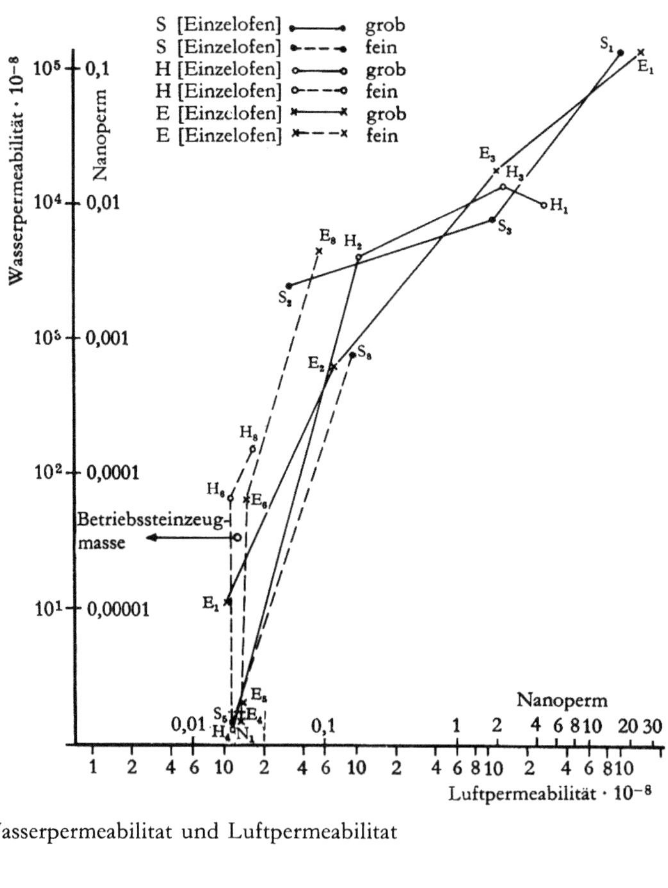

Abb. 21 Wasserpermeabilitat und Luftpermeabilitat

Die aus den Versuchsmischungen geformten Röhrchen wurden, um einen besseren Einblick in die Zusammenhänge zu gewinnen, sowohl auf die Luft- als auch auf die Wasserdurchlässigkeit untersucht, obwohl nur die letztere praktische Bedeutung hat. Wie Abb. 21 zeigt, besteht bei hoher Durchlässigkeit ein ungefähr linearer Zusammenhang zwischen der Luft- und Wasserdurchlässigkeit, während bei dichten Scherben die Wasserdurchlässigkeit rascher abnimmt als die Gasdurchlässigkeit. Wenn man die Porengrößenverteilung betrachtet (Abb. 22), ist dies durchaus verständlich, da das Wasser in den feinen Poren praktisch nicht strömt, wohl aber Luft. Die Prüfung auf Wasserdurchlässigkeit ergibt daher eine schärfere Differenzierung.
Die Ergebnisse für die Massen H, S und E sind in den Abb. 23–27 dargestellt, wobei auf der Ordinate im logarithmischen Maßstab die Durchlässigkeit und auf der Abszisse der Schamottegehalt angegeben ist. Die Abbildungen zeigen sehr deutlich, wie wesentlich die Durchlässigkeit der Röhren von der Korngröße und der Menge der Schamotte abhängt. Die Kornverteilung der tonigen Rohstoffe, die ja in einem wesentlich feineren Bereich liegt, ist erst in zweiter Linie wirksam. Die Wasserdurchlässigkeit steigt ab einem Zusatz von 20% Feinstkorn bzw. 10% Grobkorn steil an. Oberhalb 30% Schamottezusatz steigt die Durchlässigkeit

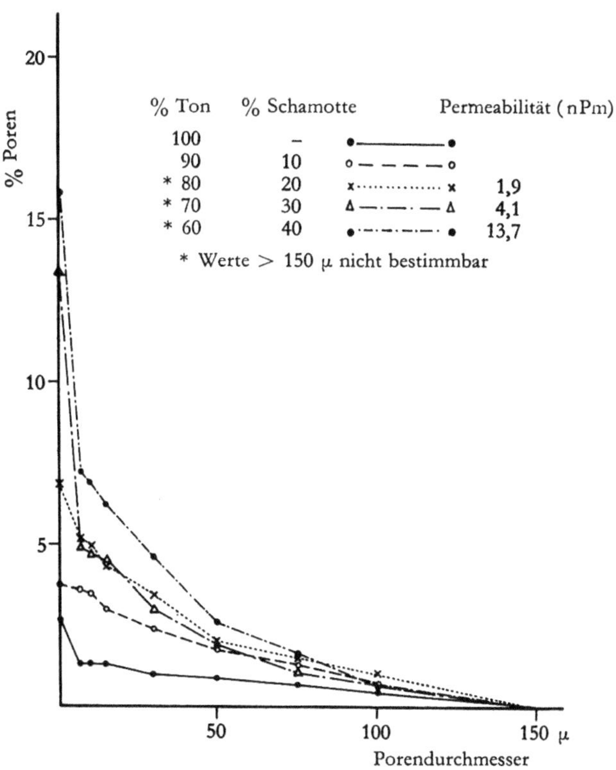

Abb. 22 Porengroßenverteilung Steinzeug — Probemischung

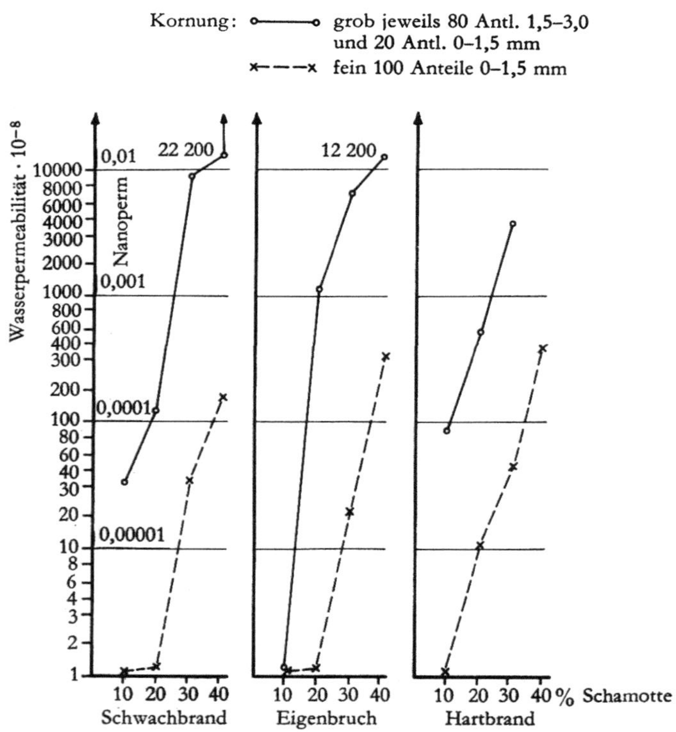

Abb. 23 Wasserpermeabilitat und Korngroße der Schamotte (Brand : Laborofen 1140° C)

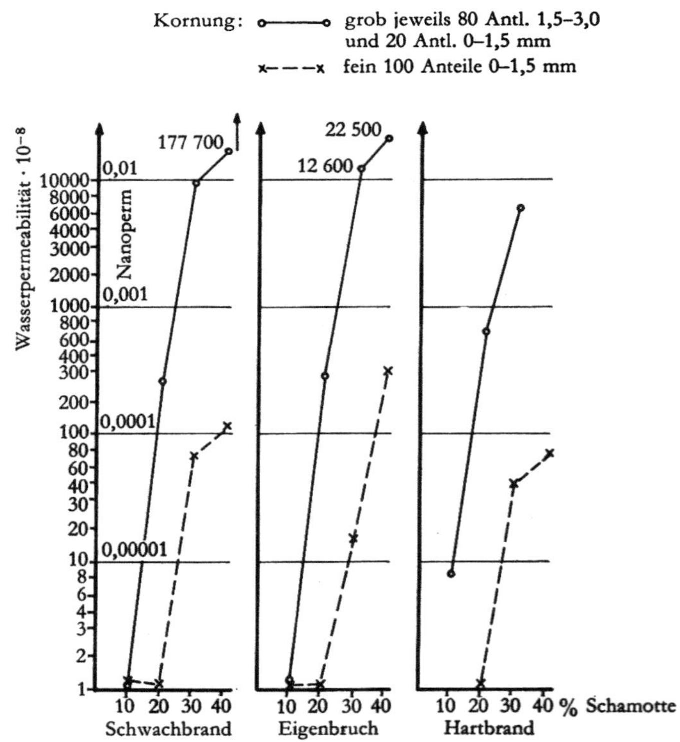

Abb. 24 Wasserpermeabilität und Korngroße der Schamotte (Brand : Laborofen 1250° C)

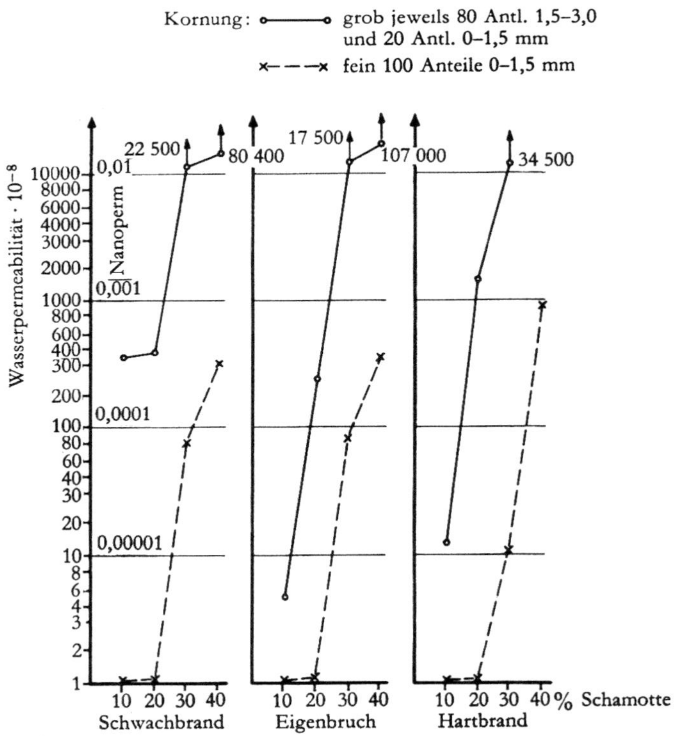

Abb. 25 Wasserpermeabilitat und Korngroße der Schamotte (Brand : Laborofen 1300° C)

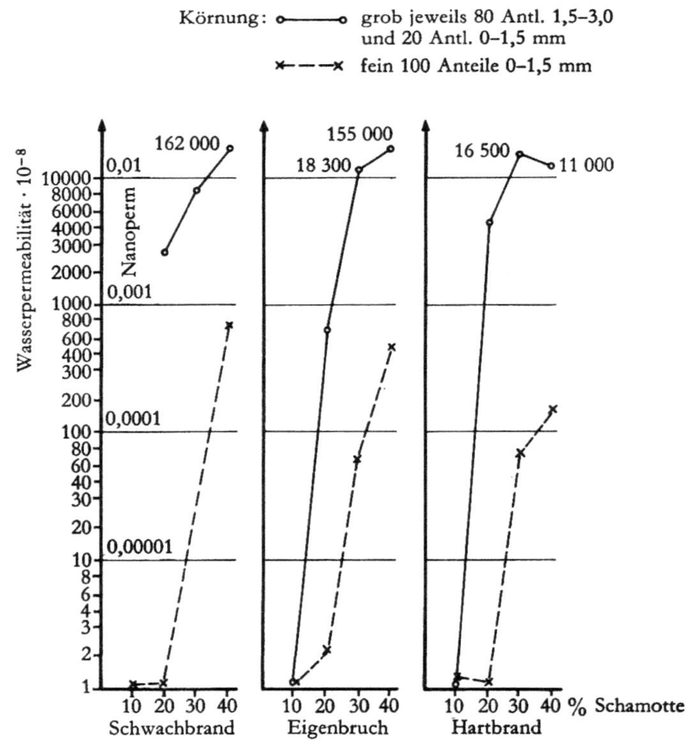

Abb. 26 Wasserpermeabilitat und Korngröße der Schamotte (Brand : Einzelofen)

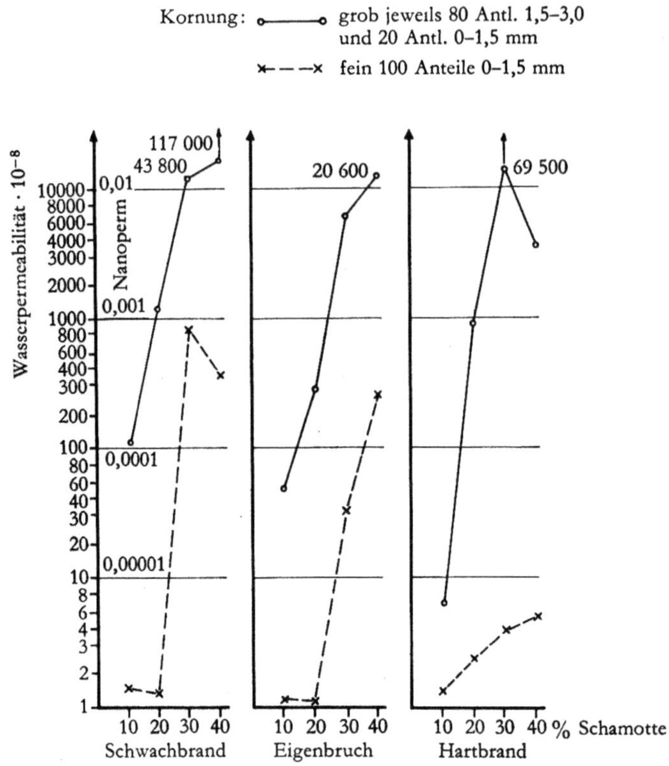

Abb. 27 Wasserpermeabilitat und Korngroße der Schamotte (Brand : Tunnelofen)

langsamer weiter und nimmt manchmal sogar ab. Bei einem Zusatz von Feinkornschamotte (0–1,5 mm) bis zu 20% lag die Durchlässigkeit weit unter 1 Nanoperm. Durch eine Erhöhung des Schamotteanteils dieser Körnung auf 30–40% wurde die Wasserdurchlässigkeit erheblich erhöht, z. T. auf mehr als das 30–40fache. Bei einer Schamottierung mit 10% Grobkornschamotte mit einer Korngröße von 1,5–3 mm erreichte die Durchlässigkeit Werte, die 10–15mal höher lagen als bei einem Anteil von 10% Feinkornschamotte. Auffälligerweise streuten bei der Grobschamottierung die Durchlässigkeitswerte teilweise sehr stark. Dies ist wohl auf eine nicht vermeidbare Fehlstellenbildung im Scherben zurückzuführen, die bei Verwendung von Feinkornschamotte weitaus geringer ist. Bei einem Zusatz von 20% Grobkornschamotte (1,5–3 mm) betrug die Wasserdurchlässigkeit im Vergleich mit der gleichen Menge Feinkornschamotte bereits 100–500mal soviel und stieg bei 30–40% Grobkornschamotte bis auf über das 10000fache an.
Außer von der Korngröße und der Menge der Schamotte wird die Durchlässigkeit nur wenig von der Art der Schamotte und der Brenntemperatur zwischen 1140–1300°C beeinflußt.

Auch der Tunnel- bzw. Einzelofenbrand ergab bei gleicher Massezusammensetzung die gleiche Durchlässigkeit wie der Laborofenbrand.
Bei den Sondermassen hatten die grobschamottierten Massen N_1 und N_3 eine hohe Wasserdurchlässigkeit. Ein günstiger Einfluß des Nephelinsyenitzusatzes konnte nicht festgestellt werden. In Übereinstimmung mit den Massen H, S und E waren die Durchlässigkeiten beim Laborofenbrand von 1140° C kaum höher als nach dem Brand im Tunnel- bzw. Einzelofen. Die eisenreiche Masse K brannte, wie schon aus der Wasseraufnahme ersichtlich wurde, sehr dicht und zeigte eine nur geringe Wasserdurchlässigkeit. Überraschenderweise ergaben auch die Röhrchen der Masse J, welche auf Grund ihres Kohlegehaltes zum Blähen neigten und eine hohe Wasseraufnahme hatten, nur eine geringe Wasserdurchlässigkeit, was auf die Ausbildung eines großen Anteils an geschlossenen Poren zurückzuführen sein dürfte. Ein ebenfalls wasserundurchlässiger Scherben wurde bei den aus Sybilla-Ton mit Glasmehl versetzten Massen (S_{100}, S_{G1}, S_{G2}, S_{G3}) erhalten, obwohl merkwürdigerweise eine mit dem Glaszusatz steigende Wasseraufnahme festgestellt wurde. Die T-Massen besaßen wegen ihres fehlenden Schamotteanteils erwartungsgemäß eine niedrige Durchlässigkeit. Auch die Prüfung der Massen mit dem Ton F (F_{100}, F_{50}, F_{Q1}, F_{Q2}) ergab bei allen Mischungen nur eine geringe Wasserdurchlässigkeit. Eine Verbesserung durch den Zusatz von 5% Quarzmehl konnte nicht beobachtet werden.
Während ein unterschiedlicher Kornaufbau innerhalb 0–1,5 mm die Festigkeitswerte bei dem gewählten Magerungsanteil von 30% kaum beeinflußte, veränderte der Kornaufbau dieser feinen Massen die Wasserdurchlässigkeit noch beträchtlich. Mit steigender Feinheit der zugesetzten Schamotte wird die Wasserdurchlässigkeit kleiner. Ausgesprochen ungünstig ist ein fehlendes Mittelkorn von 0,06 bis 0,5 mm. Besonders groß ist der Unterschied zwischen den Massen 1 und 2, obwohl sie sich nur dadurch voneinander unterscheiden, daß die Masse 1 mit 30% Schamotte zwischen 1,5–0,5 mm versetzt war, während bei der Masse 2 22,5% zwischen 1,5–0,5 mm und 7,5% Schamotte zwischen 0,5–0,2 mm lag. Eine weitere Steigerung des Schamotteanteils zwischen 0,5–0,2 mm sowie ein Zusatz von Magermittel mit der Körnung $< 0{,}2$ mm verringerte die Durchlässigkeit weiter, aber nicht mehr so erheblich. Es wurde versucht, den Einfluß des Körnungsaufbaus der Versätze auf die Wasserdurchlässigkeit zu berechnen. Aus den Versuchen war zu erkennen, daß die gröberen Kornfraktionen die Durchlässigkeit stärker erhöhen als die feineren Körner. Es wurde daher versuchsweise angenommen, daß die Körnung 0,5–0,2 mm den halben, die Körnung 0,2–0,1 mm nur ein Drittel des Einflusses hat wie die Körnung 1,5–0,5 mm (»Grobporenfaktor«). Es zeigte sich ein guter Zusammenhang mit der Wasserdurchlässigkeit (Abb. 28). Es wurden auch eine Reihe von Formeln zur Berechnung der Wasserdurchlässigkeit aus dem Kornaufbau aufgestellt. Das beste Ergebnis wurde erhalten, wenn man nach folgender Gleichung den Quotienten Q berechnet und gegen die Wasserdurchlässigkeit aufträgt (Abb. 29).

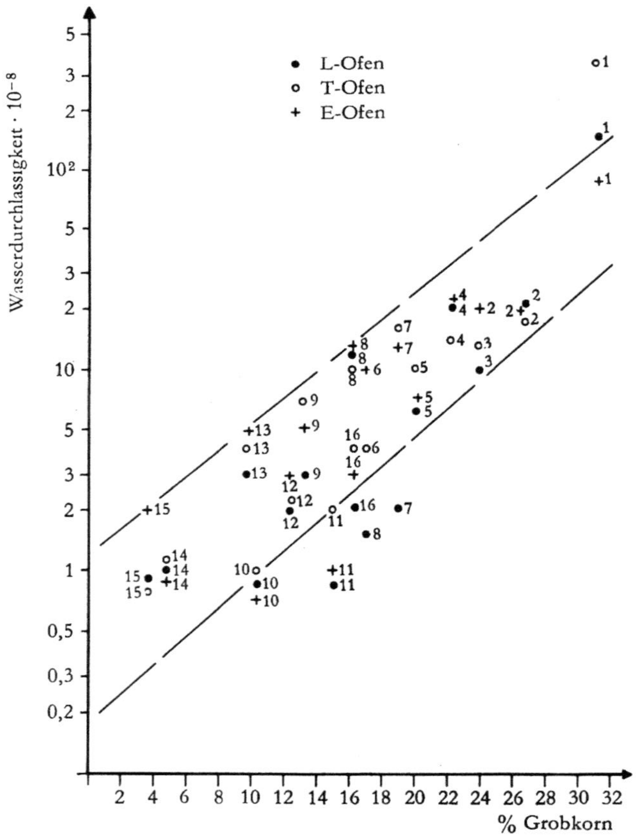

Abb. 28 Wasserdurchlassigkeit und Grobkorngehalt (Gk = Ant. > 0,5 mm + 1/2 0,5 — 0,2 mm + 1/3 0,2 — 0,1 mm)

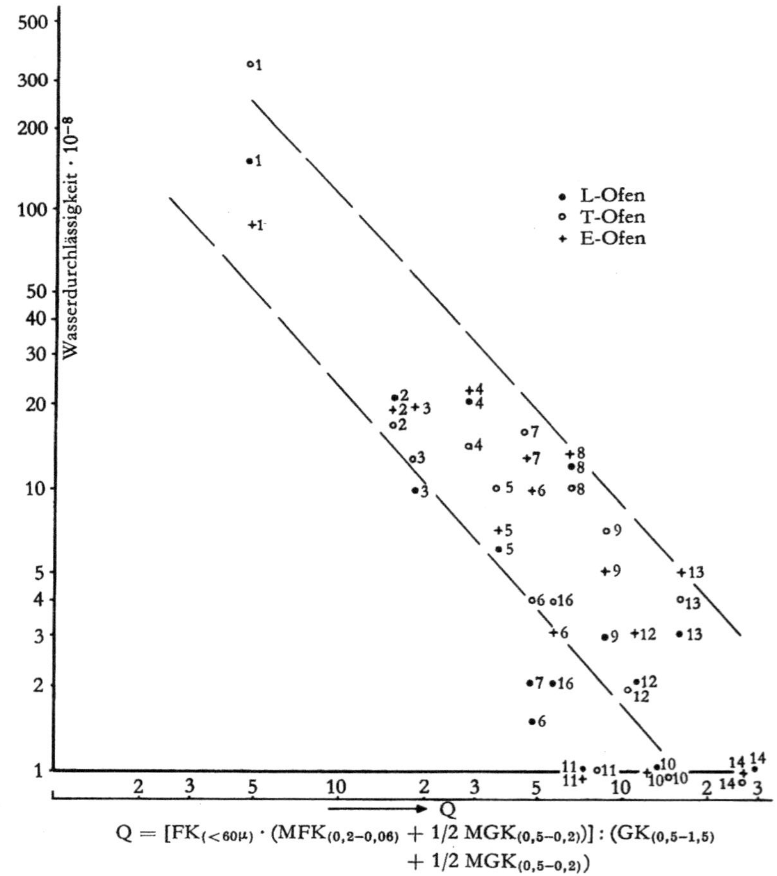

Abb. 29

$$Q = FK_{(<60\mu)}(MFK_{(0,2-0,06\,mm)} + 1/2\,MGK_{(0,5-0,2\,mm)} : GK_{(0,5-1,5\,mm)} + 1/2\,MGK_{(0,5-0,2\,mm)}$$

FK	=	Feinstanteil	< 0,06 mm
MFK	=	Mittelfeinkorn	0,2–0,06 mm
MGK	=	Mittelgrobkorn	0,5–0,2 mm
GK	=	Grobkorn	0,5–1,5 mm

Mit steigendem Quotienten Q wird die Durchlässigkeit kleiner. Sehr deutlich kommt hierbei auch das wesentlich schlechtere Verhalten der gröberen Masse 1 zum Ausdruck. Geht man von der oben genannten Formel aus, so würde z. B. ein Wert für $Q \leqq 5$ zur Vorsicht mahnen.

5.3

Vergleich der physikalischen und mechanischen Eigenschaften.

5.31

Porosität und Ringbiegefestigkeit

Die Festigkeit von keramischen Körpern ist bekanntlich von der Gesamtporosität des Prüflings abhängig. In der graphischen Darstellung in Abb. 30 wurden die Festigkeiten der verschiedenen Versuchsmassen gegen ihre Gesamtporositäten aufgetragen und mit Festigkeitswerten von Steinzeugröhren aus der Industrie verglichen. Die Darstellung bestätigt, daß mit abnehmender Gesamtporosität die Festigkeit steigt. Die Ergebnisse des Steinzeugs aus der industriellen Fertigung lagen zwar in der gleichen Richtung, jedoch unter den Versuchsmassen. Dies dürfte vor allem auf die Aufbereitung der Massen zurückzuführen sein, welche in der Praxis nicht so intensiv möglich ist, wie es bei unseren Versuchsmischungen der Fall war.
In Abb. 31 ist die Ringbiegefestigkeit von Steinzeug aus den Versuchsmassen und aus der industriellen Fertigung im halblogarithmischen Maßstab in Abhängigkeit von der Gesamtporosität eingetragen. Um Vergleiche mit feuerfesten Erzeugnissen herbeiführen zu können, wurde aus der Ringbiegefestigkeit die ungefähre Kaltdruckfestigkeit berechnet [1]. Die Großzahlauswertung ergibt, daß die Festigkeit von Steinzeug im Bereich feinkörniger, dichter feuerfester Erzeugnisse (Wannensteine, Pfannensteine) liegt.

5.32

Wasserdurchlässigkeit und scheinbare Porositat

Die Wasserdurchlässigkeit und die offene Porosität sollten in einem statistischen Zusammenhang stehen. In Abb. 32 wurde die Wasserdurchlässigkeit der einzelnen

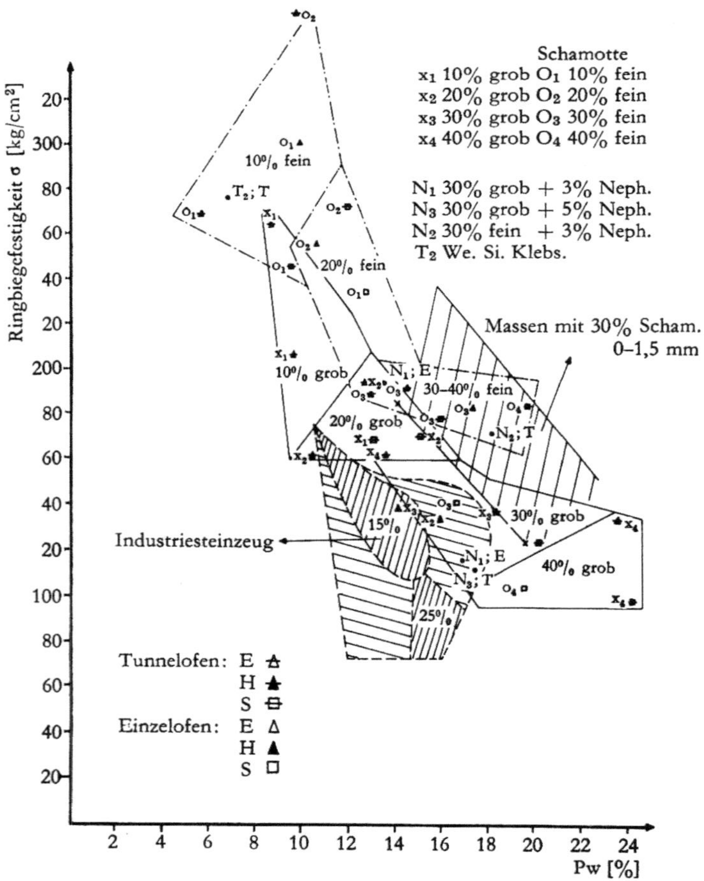

Abb. 30 Ringebiegefestigkeit und wahre Porositat

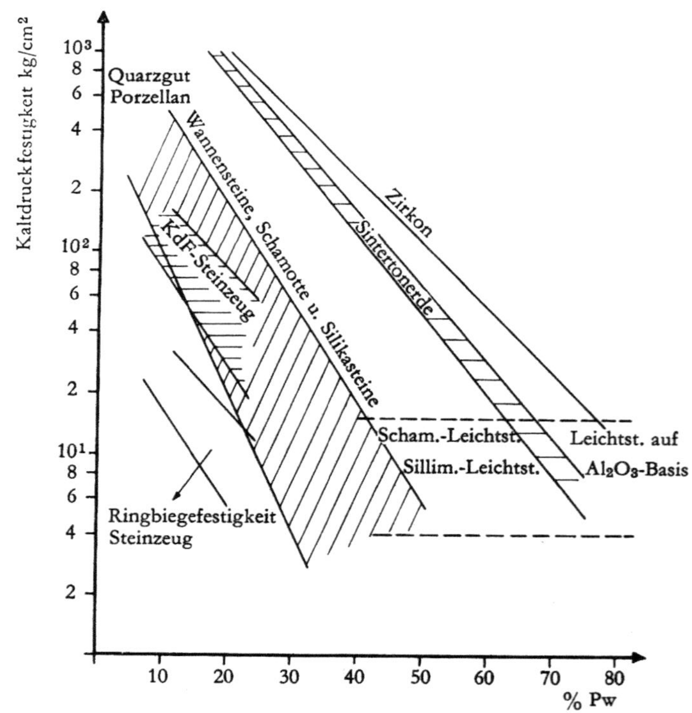

Abb. 31 Kaltdruckfestigkeit und Gesamtporositat

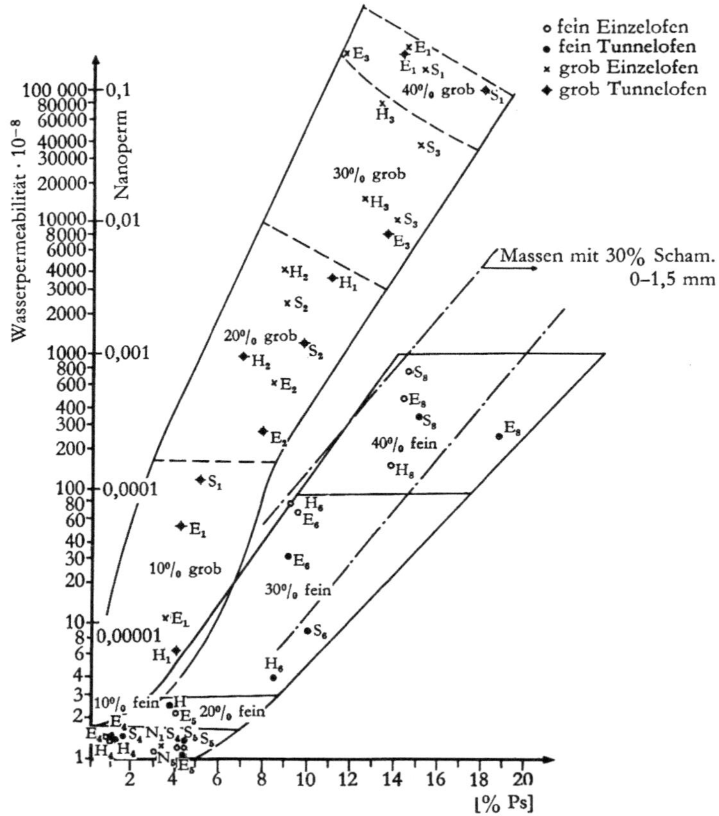

Abb. 32 Wasserdurchlassigkeit gegen scheinbare Porositat

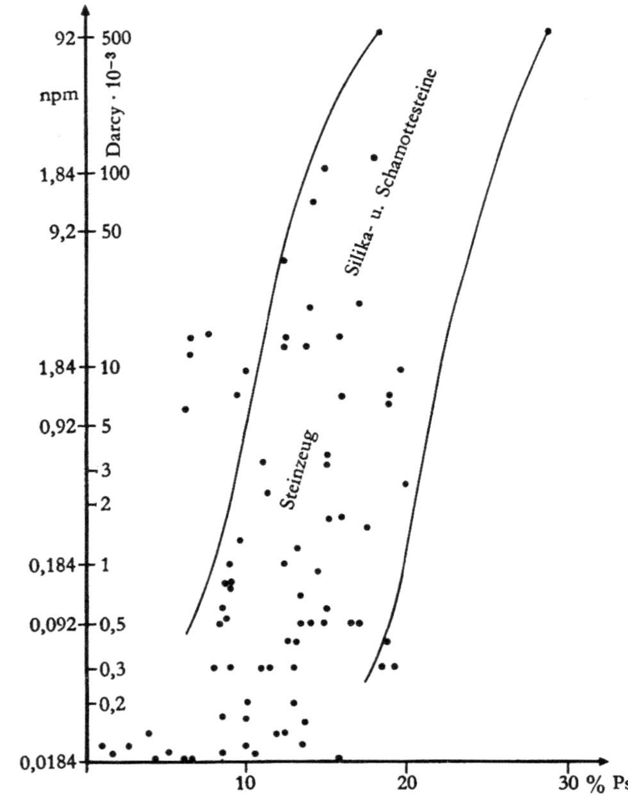

Abb. 33 Luftdurchlassigkeit und scheinbare Porositat

Versätze auf der Ordinate und die scheinbare Porosität auf der Abszisse aufgetragen. Die grob- und die feinschamottierten Versätze bilden zwei unterschiedliche Gebiete, da die feinen Massen bei gleicher Porosität eine geringere Durchlässigkeit haben. In beiden Fällen aber nimmt mit steigender scheinbarer Porosität die Wasserdurchlässigkeit zu.
Bei einem Vergleich der Luftdurchlässigkeit von Steinzeug mit einer Reihe feuerfester Erzeugnisse (Abb. 33) zeigte sich, daß die Luftdurchlässigkeit (bei ähnlichen Porositätswerten) im Gebiet dicht gebrannter und feinkörniger feuerfester Erzeugnisse, wie z. B. Wannensteine und Pfannensteine, liegt [9].

6. Chemischer und mineralogischer Aufbau des Kanalisationssteinzeugs

Zur Herstellung von Kanalisationssteinzeug werden, wie schon eingangs beschrieben, im allgemeinen Bindetone mit einem Al_2O_3-Gehalt zwischen 18–30% verwendet. Als Zusätze dienen Schamotte und Eigenbruch, teilweise in sehr unterschiedlicher Menge und Körnung. Der an den Preßvorgang anschließende Brand wird im Einzel-, Kammer- oder Tunnelofen bei 1200–1300° C durchgeführt.

6.1

Die chemische Zusammensetzung der Steinzeugrohre

Die analytische Zusammensetzung einer Reihe von Steinzeugröhren aus der industriellen Fertigung wird in der Tab. 4 wiedergegeben. Die Analysen zeigen im Durchschnitt Gehalte an Al_2O_3 um 22%, an Fe_2O_3 um 2%, an TiO_2 um 1,5%, an Na_2O um 0,2% und an K_2O um 2%. Die Mengen an CaO und MgO sind gering, schwanken aber je nach den verwendeten Rohstoffen. Das Kanalisationssteinzeug hat gegenüber dem chemischen Steinzeug und dem Porzellan einen höheren SiO_2-Gehalt und einen niedrigeren Alkaligehalt.
Da die betriebliche Herstellung der Steinzeugrohre zumeist vom gleichen Rohstoff ausgeht, wurden auch Mischungen angesetzt und gebrannt, deren Rohstoffe, Aufbau und Zusammensetzung weit außerhalb des dort üblichen Feldes lagen. Die chemischen Analysen der Ausgangsmaterialien und die der Massen sind in den Tab. 5 und 6 zusammengestellt. Die Wahl der Versätze wurde so getroffen, daß ein breites Zusammensetzungsfeld für Al_2O_3, Fe_2O_3 und Alkali erfaßt wurde. Schließlich wurden noch einige Sondermassen mit Nephelinsyenitzusatz, mit zwei eisenreichen Tonen (K, J) und einer Masse, die nur aus Sybilla-Ton, Westerwälder Ton und Klebsand – also ohne Schamottezusatz – bestand, untersucht. Des weiteren wurden zur Ergänzung der Versuche einige Sondermassen aus Sybilla-Ton ohne und mit 2,5%, 5% und 10% feingemahlenem Glasmehl sowie aus dem Ton F ohne und mit 5% Quarzmehl und 20% Schamotte hergestellt. Die Versuchszusammensetzungen lagen in einem Bereich, der die in der Praxis verwendeten Zusammensetzungen nach beiden Seiten weit überlappte.

Tab. 4 Chemische Analyse einiger Steinzeugscherben mit verschiedener Ringbiegefestigkeit

Probe Nr.	R_2O_3 %	Al_2O_3 %	Fe_2O_3 %	TiO_2 %	CaO %	MgO %	Na_2O %	K_2O %
846	24,12	20,86	1,94	1,32	Spuren	0,10	0,22	1,90
717	25,64	22,23	2,02	1,39	0,28	0,06	0,21	2,10
758	27,64	24,27	1,95	1,42	0,80	0,82	0,22	2,50
1035	36,72	31,60	3,66	1,46	0,32	0,14	0,32	1,48
540	25,64	22,05	2,16	1,43	0,40	0,19	0,24	2,30
532	25,84	22,30	2,12	1,42	0,40	0,81	0,23	2,10
770	28,80	25,19	2,08	1,53	0,48	0,88	0,20	2,34
768	27,44	23,80	2,18	1,46	0,32	0,89	0,23	2,10
732	28,20	24,67	2,00	1,53	0,32	0,61	0,17	2,36
146	25,00	21,86	1,84	1,30	0,64	1,01	0,33	1,66
154	23,20	19,86	1,95	1,39	0,52	0,25	0,24	1,66

Tab. 5 Chemische Analyse der Rohstoffe (in %)

	R_2O_3	Al_2O_3	TiO_2	Fe_2O_3	CaO	MgO	Na_2O	K_2O	G. V.
Ton von Sybilla*	29,4	26,0	1,65	1,80	0,40	0,40	0,10	1,80	8,0
Ton vom Westerwald	39,7	36,5	1,45	1,77	0,28	0,62	0,25	3,65	9,2
Ton F	21,7	18,7	1,17	1,88	0,30	0,43	0,10	2,21	7,7
Ton K	29,4	19,5	1,04	8,82	0,25	0,88	0,35	4,73	7,9
Ton J	34,3	28,6	–	5,72	0,83	–	0,70	3,76	21,2
Klebsand	9,0	8,0	0,74	0,26	0,12	0,25	0,09	0,88	–
Eigenbruch	29,4	26,0	1,65	1,80	0,40	0,40	0,10	1,80	–
Glas	0,8	0,5	0,36	–	7,52	3,95	11,60	0,60	–
Nephelin-Syenit	34,4	34,0	0,4	–	Spuren	Spuren	11,80	6,40	–

* Die hart- bzw. schwachgebrannte Schamotte besteht aus Sybilla-Ton und hat demgemaß die gleiche Analyse.

Tab. 6 Chemische Zusammensetzung der Massen (in %)

Masse	R_2O_3	Al_2O_3	TiO_2	Fe_2O_3	CaO	MgO	Na_2O	K_2O
S; H; E	29,4	26,0	1,65	1,80	0,40	0,40	0,10	1,80
N_1; N_2	28,0	24,7	1,58	1,68	0,24	0,44	0,30	1,84
N_3; N_4	28,6	25,2	1,61	1,75	0,39	0,39	0,46	1,94
K	28,7	20,1	1,18	7,48	0,40	1,60	0,18	2,92
J	29,2	24,0	1,20	4,00	0,96	1,60	0,28	3,20
T_1	22,3	19,0	1,32	2,00	0,40	0,40	0,08	1,70
T_2	26,6	23,3	1,46	1,84	0,40	0,40	0,12	1,76
S 100	29,4	26,0	1,65	1,80	0,40	0,40	0,10	1,80
S_{G1}	28,7	25,4	1,63	1,75	0,57	0,49	0,38	1,75
S_{G2}	27,9	24,7	1,59	1,71	0,76	0,58	0,68	1,74
S_{G3}	26,5	23,5	1,53	1,62	1,11	0,76	1,25	1,68
FJ	27,8	23,6	1,21	3,02	0,48	0,84	0,26	2,60
F 100	21,7	18,7	1,17	1,88	0,33	0,43	0,10	2,21
FQ 1	20,5	17,7	1,11	1,70	0,28	0,41	0,09	2,10
FQ 2	21,0	18,2	1,09	1,78	0,30	0,34	0,11	1,92

6.11

Bestimmung des FeO-Gehaltes (10a)

Tunnel- und Einzelofenbrand unterscheiden sich zumeist u. a. nicht unwesentlich in der Atmosphäre. Es wurde deshalb an einer Reihe von Scherben der FeO-Gehalt bestimmt. Aus der Tab. 7 ist deutlich ersichtlich, daß im Einzelofen das Eisen in wesentlich größerer Menge in zweiwertiger Form vorhanden war als im Tunnelofen. Da aber bei der Prüfung auf Wasserdurchlässigkeit zwischen den

Tab. 7 FeO-*Gehalt der Versuchsröhrchen nach dem Brand im Einzelofen und Tunnelofen*

Probe	Fe_2O_3 % (Gesamt)	Tunnelofen FeO %	Einzelofen FeO %
H 1	1,80	0,14	0,71
H 3	1,80	0,07	0,71
H 4	1,80	0,07	0,64
H 6	1,80	0,07	0,57
E 1	1,80	0,29	0,86
E 3	1,80	0,22	0,86
E 4	1,80	0,14	1,00
E 6	1,80	0,07	0,86
T 1	2,00	0,29	1,00
K	7,48	0,17	4,74

Bränden im Tunnelofen und Einzelofen keine wesentlichen Unterschiede festgestellt wurden, ist innerhalb der obigen Grenzen der FeO-Gehalt ohne einschneidende Bedeutung für die Gebrauchseigenschaften.

6.12

Zusammensetzung des Mullits und des Glases

Die Zusammensetzung des Mullits wurde nach zweistündigem Einwirken von 10%iger Flußsäure auf die Probe und Analyse des Rückstandes festgestellt [11, 12]. Die Rückstandsmenge stimmte im allgemeinen gut mit den röntgenographisch bestimmten Gehalten an Mullit überein. Die jeweilige Zusammensetzung des Mullits ist aus der Tab. 8 ersichtlich. Auffällig ist, daß die R_2O_3-Werte fur den Mullit der im Tunnelofen gebrannten Proben zwischen 70–80% liegen, während bei den Einzelofenproben durchwegs ein 72%iger Mullit vorzuliegen scheint. Die Zusammensetzung des Mullits der Probe K dürfte durch vorhandenen, unlöslichen Magnetit verschoben sein. Weiterhin fallt der höhere Eisenoxydgehalt im Mullit der Tunnelofenproben auf: Diese haben durchwegs über 4% Fe_2O_3, während die Mullite aus dem Einzelofen im allgemeinen unter 3% Fe_2O_3 aufweisen; das gleiche Bild ergibt sich beim TiO_2-Gehalt. Der längere Brand und die vielleicht etwas reduzierende Atmosphäre führen zu einer stärkeren Selbstreinigung des Mullits [13, 14].
Die Glaszusammensetzung einer Reihe im Tunnel- und Einzelofen gebrannter Scherben ist in der Tab. 9 angegeben. Die Zusammensetzung des Glases der Steinzeugscherben üblichen Aufbaues liegt in engen Grenzen:

78–85% SiO_2
10–15% $R_2O_3(Al_2O_3 + TiO_2 + Fe_2O_3)$
6–8 % $R_2O + RO(K_2O + Na_2O + CaO + MgO)$

Die Zusammensetzung der Rohstoffe der Massen und der Gläser wurde in das Dreistoffdiagramm SiO_2—Al_2O_3—K_2O eingetragen (Abb. 34). Hierbei wurden $Al_2O_3 + TiO_2 + 1/2\ Fe_2O_3$ (1. Komponente), $K_2O + Na_2O + CaO + MgO + 1/2\ Fe_2O_3$ (2. Komponente) zusammengefaßt und mit dem Kieselsäureanteil (3. Komponente) aufgetragen. Bei der Beurteilung der Ergebnisse zeigte sich, daß die beim Brennen im Tunnelofen entstandenen Gläser an der 1. Komponente zwischen 9–15% lagen und bei der Flußmittelkomponente zwischen 5,5–6,3%. Die entsprechenden Werte für den Einzelofenbrand lagen für die 1. Komponente zwischen 13–16% und für die Flußmittelkomponente zwischen 5,8–7,4%. Die Zusammensetzung entspricht ungefähr jener des Glases in Schamottesteinen [15].

Die Zusammensetzung der Gläser ordnet sich nach einer Linie, welche ungefahr der Linie gleicher Temperatur im Diagramm der reinen Komponenten fur 1400° C entspricht; die um etwa 100° C niedrigere Brenntemperatur wird durch die Anwesenheit von Fe_2O_3 und TiO_2 bedingt. Die Gläser mit dem höchsten Gehalt an

Tab. 8 *Mullitzusammensetzung* (in %)

	Tunnelofen					Einzelofen			
Probe	R_2O_3	Al_2O_3	TiO_2	Fe_2O_3	Probe	R_2O_3	Al_2O_3	TiO_2	Fe_2O_3
H 1	75,4	67,9	3,3	4,2	H 1	72,6	67,8	2,8	2,0
H 3	73,3	65,3	3,4	4,6	H 3	74,9	70,0	2,6	2,3
H 4	83,8	76,5	3,0	4,3	H 4	72,0	67,0	2,4	2,6
H 6	75,5	68,0	3,1	4,4	H 6	72,9	67,3	2,7	2,9
					E 1	71,4	66,2	2,6	2,6
E 3	80,6	72,0	3,6	5,0	E 3	71,6	67,5	1,8	2,3
E 4	70,8	64,0	2,7	4,1	E 4	77,0	72,5	2,7	1,8
E 6	87,4	78,5	3,5	5,4	E 6	73,4	67,3	2,9	3,2
T 1	79,0	69,5	3,1	6,4					
					T 2	72,5	67,8	2,4	2,3
K	61,7	40,5	2,1	19,1	K	71,8	53,8	2,2	15,8
J	75,7	68,5	1,9	5,3	J	71,5	67,2	3,2	1,1
	Laborofen 1250° C					Laborofen 1300° C			
J	66,1	40,2	2,9	23,0	J	74,4	68,2	2,0	4,2
K	79,3	70,0	1,9	7,4	K	57,3	38,4	1,9	17,0

Tab. 9 Glaszusammensetzung (in %)

				Tunnelofen					
Probe	SiO_2 (Diff.)	R_2O_3	Al_2O_3	TiO_2	Fe_2O_3	CaO	Na_2O	MgO	K_2O
H 1	82,78	9,7	7,8	1,10	0,76	1,7	0,22	1,7	3,9
H 3	83,03	9,8	8,1	0,96	0,70	1,7	0,17	1,7	3,6
H 4	78,80	14,0	11,4	1,40	1,22	1,7	0,20	1,7	3,6
H 6	77,92	15,0	12,4	1,54	1,04	1,7	0,18	1,7	3,5
E 1	79,13	13,5	11,0	1,42	1,08	1,7	0,17	1,7	3,8
E 3	80,84	12,0	9,6	1,46	0,94	1,7	0,16	1,7	3,6
E 4	82,33	10,3	7,9	1,42	1,00	1,7	0,17	1,7	3,8
E 6	78,06	14,8	12,4	1,36	1,00	1,7	0,24	1,7	3,5
N 2	75,82	16,3	13,1	2,12	1,08	1,7	0,58	1,7	3,9
N 4	79,25	12,8	10,7	1,26	0,86	1,7	0,75	1,7	3,8
T 1	78,42	14,3	11,8	1,30	1,26	1,7	0,18	1,7	3,7
T 2	78,14	14,5	12,2	1,42	0,94	1,7	0,26	1,7	3,7
K	73,47	13,9	11,5	0,68	1,76	3,5	0,33	3,5	5,3
J	65,51	22,4	15,2	1,89	5,33	3,6	0,39	3,6	4,5

Tab. 9 (Fortsetzung) *Glaszusammensetzung* (in %)

				Einzelofen					
Probe	SiO_2 (Diff.)	R_2O_3	Al_2O_3	TiO_2	Fe_2O_3	CaO	Na_2O	MgO	K_2O
H 1	76,74	16,1	12,0	1,68	2,42	1,7	0,16	1,7	3,6
H 3	78,17	14,7	11,2	1,60	1,94	1,7	0,23	1,7	3,5
H 4	75,62	17,5	13,2	1,60	2,66	1,7	0,18	1,7	3,3
H 6	78,47	14,4	11,3	1,50	1,66	1,7	0,23	1,7	3,5
E 1	77,29	16,0	12,1	1,52	2,46	1,7	0,21	1,7	3,1
E 3	76,01	17,5	14,0	1,54	1,98	1,7	0,19	1,7	2,9
E 4	77,29	16,0	11,9	1,60	2,50	1,7	0,21	1,7	3,1
E 6	75,00	17,7	11,6	2,89	3,19	1,7	0,20	1,7	3,7
N 2	76,73	16,0	12,6	1,56	1,80	1,7	0,47	1,7	3,4
N 4	78,55	14,0	10,6	1,54	1,86	1,7	0,65	1,7	3,4
T 1	–	–	–	–	–	–	–	–	–
T 2	76,65	16,1	11,3	1,64	3,14	1,7	0,25	1,7	3,6
K	67,60	22,1	14,3	1,18	6,64	3,0	0,20	3,0	4,1
J	67,89	20,3	15,8	1,04	3,46	3,5	0,41	3,5	4,4

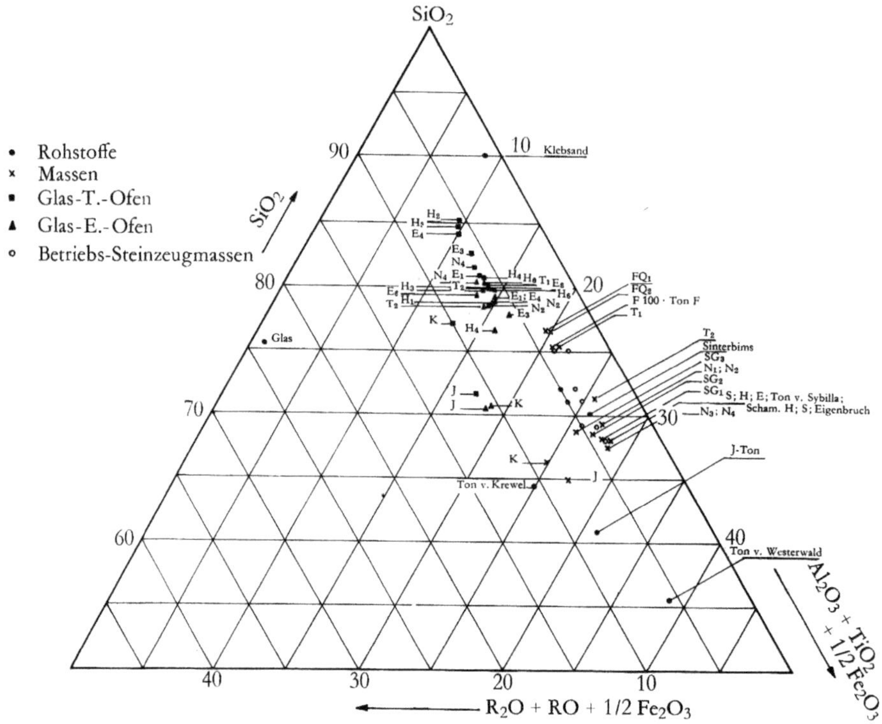

Abb. 34 Rohstoff-, Masse- und Glaszusammensetzung

SiO_2 (ca. 85%) liegen nahe der eutektischen Linie. Da im Scherben gewisse Mengen an Mullit vorhanden sein müssen, wird es verständlich, daß der Al_2O_3-Gehalt der Massen 18–20% nicht wesentlich unterschreiten sollte.

6.2

Die mineralogische Zusammensetzung des Steinzeugrohres

Zur Ermittlung des Mineralbestandes wurden sowohl die quantitative Röntgenanalyse als auch die chemische Methode zur Isolierung des Mullits bzw. zum Herauslösen des Glases eingesetzt. Auf Einzelheiten der Vorschriften und Methoden sei durch die entsprechende Literatur [11, 12, 16] verwiesen. Bei der optischen und röntgenographischen Untersuchung des Steinzeugscherbens wurden als Komponenten Mullit, Quarz und Cristobalit als SiO_2-Modifikationen und Glas festgestellt.

6.21

Die Ergebnisse sind in Tab. 10 sowie im Dreistoffdiagramm SiO_2—Mullit—Glas (Abb. 35) dargestellt, wobei als Glasanteil die Differenz auf 100% bezeichnet ist.

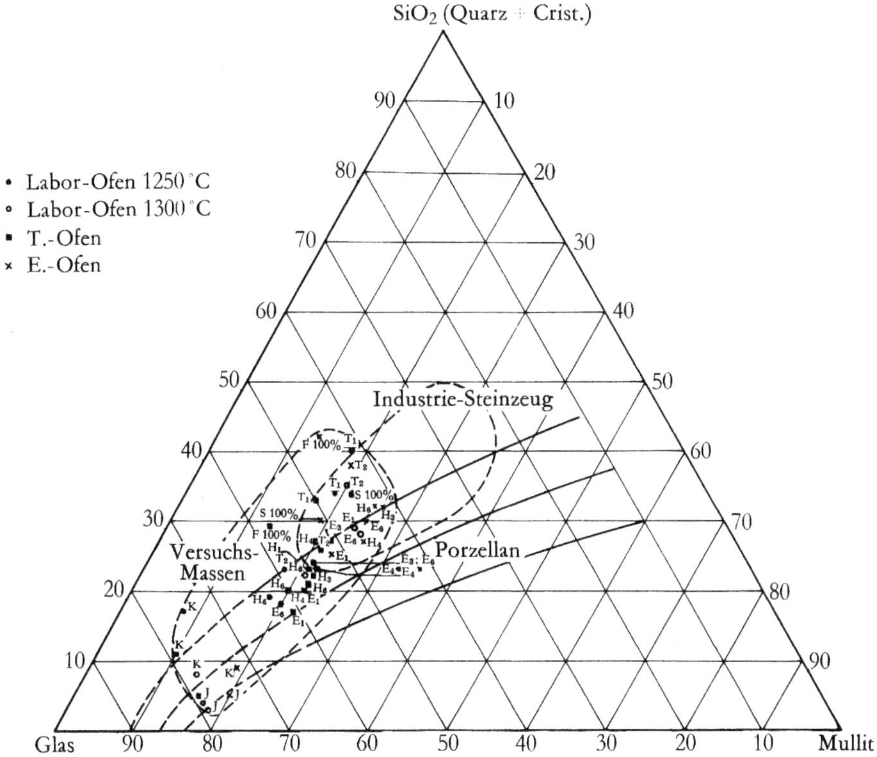

Abb. 35 Mineralogische Zusammensetzung

Der Mullitgehalt wurde außerdem noch durch Isolierung mit 10%iger Flußsäure bestimmt. Da diese Ergebnisse im Durchschnitt nur wenig voneinander abwichen, wurden sie nicht getrennt aufgeführt. Der Mullitgehalt liegt um 25%, der Cristobalitgehalt der Scherben aus den Tunnelofenproben liegt wesentlich niedriger als für die Proben aus dem Einzelofen, während der Gehalt an Quarz je nach den verwendeten Magerrohstoffen und Brennbedingungen stark unterschiedlich ist. Der Grund für den höheren Cristobalitgehalt sowie niedrigeren Quarzanteil im Einzelofen ist vor allem in der längeren Brennzeit zu suchen, wobei ein Teil des Cristobalits erst beim Abkühlen aus der Schmelze auskristallisiert, wahrend im Tunnelofen wegen der schnelleren Abkühlung diese Kristallisation unterbleibt.

Die erhaltenen Ergebnisse stehen, wenn man die Unterschiede im Flußmittelgehalt berücksichtigt, im Einklang mit den Arbeiten von Dietzel und Padurow [17] sowie von Shelton [18], in welchen u. a. gezeigt wird, welchen Weg die verschiedenen Porzellanversätze bei längerem Erhitzen in Richtung zum Gleichgewicht nehmen. Weiterhin sei noch auf eine Arbeit von Milton, Tuttle und Cook [19] verwiesen, in der, allerdings ebenfalls im Porzellangebiet, die Um-

Tab. 10 Röntgenographisch ermittelte mineralogische Zusammensetzung

Masse		Mullit %	Cristobalit %	Quarz %	Summe der kristallisierten Substanz %	Glas (chem.) %
H 1	T. O	21	11	12	44	46
H 3	T. O	22	9	13	44	50
H 4	T. O	22	9	12	43	50
H 6	T. O	20	6	14	40	52
E 1	T. O	22	4	13	39	47
E 3	T. O	21	12	12	45	50
E 4	T. O	22	11	12	45	47
E 6	T. O	21	12	12	45	51
T 1	T. O	17	–	33	50	46
T 2	T. O	21	4	22	47	47
K	T. O	10	–	11	21	55
J	T. O	16	1	4	21	71
100% Sybilla		21	18	16	55	n. b.
100% F		13	–	29	42	n. b.
H 1	E. O	26	23	9	58	50
H 3	E. O	26	23	9	58	52
H 4	E. O	26	18	9	53	55
H 6	E. O	25	22	10	57	52
E 1	E. O	22	11	9	42	58
E 3	E. O	22	18	9	49	62
E 4	E. O	23	17	8	48	59
E 6	E. O	25	22	8	55	49
T 2	E. O	19	19	19	57	48
J	E. O	20	1	4	25	73
K	E. O	19	3	6	28	70
100% Sybilla		19	12	23	54	n. b.
100% F		13	21	21	55	n. b.
H 4 1250°C	L. O	22	9	11	42	49
H 6 1250°C	L. O	18	4	15	37	47
E 4 1250°C	L. O	22	11	12	45	54
E 6 1250°C	L. O	20	10	8	38	59
T 1 1250°C	L. O	19	–	34	53	47
T 2 1250°C	L. O	18	8	15	41	47
K 1250°C	L. O	8	–	17	25	55
J 1250°C	L. O	17	–	4	21	75
H 4 1300°C	L. O	20	20	7	47	51
H 6 1300°C	L. O	21	16	6	43	55
E 4 1300°C	L. O	24	23	6	53	48
E 6 1300°C	L. O	25	22	6	53	41
T 1 1300°C	L. O	18	11	29	58	44
T 2 1300°C	L. O	20	18	17	55	44
K 1300°C	L. O	14	1	7	22	57
J 1300°C	L. O	18	1	2	21	73

TO = Tunnelofen EO = Einzelofen LO = Laborofen

wandlung verschiedener Mischungen aus Kaolinit, Feldspat und Quarz in Mullit und Cristobalit in Abhängigkeit von Zeit und Temperatur studiert wurden. Das Feld für Kanalisationssteinzeug schließt sich an das Porzellanfeld an. Glasmengen unter 25% ergeben eine unbefriedigende Festigkeit. Man konnte erwarten, daß die Prüffestigkeit an geschliffenen Druckkörpern und Biegekörpern mit zunehmendem Glasgehalt ansteigen würde bzw. bei reinem Glas am höchsten wäre; dem steht aber die zunehmende Empfindlichkeit durch das unterschiedliche Ausdehnungsverhalten der SiO_2-Modifikationen, die bei der hohen Sprödigkeit zu einer Zermürbung des Gefüges beim Abkühlen führen würden, gegenüber.
In einem weiteren Diagramm (Abb. 36) wurde die prozentuale Ausdehnung am Cristobalit- und Quarzeffekt gegen die röntgenographisch ermittelten Mengen an Cristobalit und Quarz aufgetragen. In allen Fällen hatten die Scherben aus dem Einzelofen die größere Ausdehnung. Der geringere Gehalt an Cristobalit in den Bränden aus dem Tunnelofen läßt eine geringere Empfindlichkeit der Rohre beim Abkühlen erwarten.

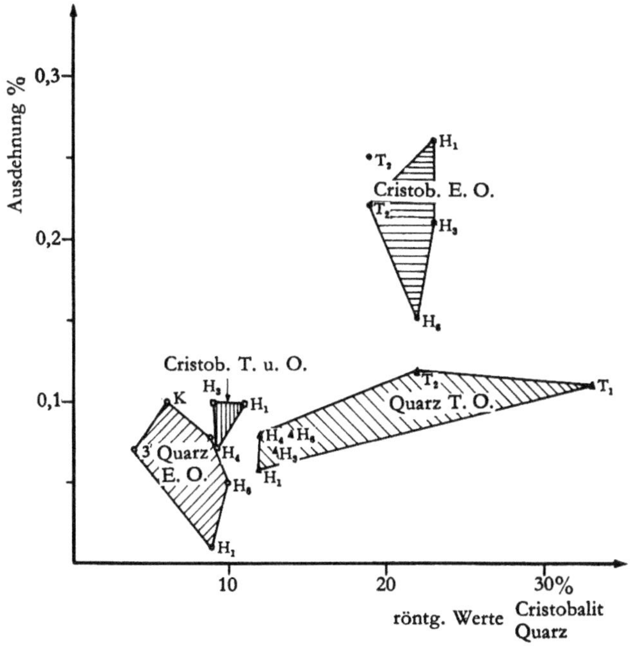

Abb. 36 Prozentuale Ausdehnung beim Cristobaliteffekt und Quarzeffekt gegen Röntgenwerte

6.22

Sowohl bei Metallen als auch bei keramischen Körpern ist es bekannt, daß bei einer bestimmten durchschnittlichen Korngröße der Kristalle ein Festigkeitsmaximum erzielt wird; bei zu großen Kristallen und bei zu kleinen sinkt die

Festigkeit deutlich ab. Eine direkte Ermittlung der Kristallgröße des Mullits ist, da er sich meist der Beobachtung im Mikroskop entzieht, sehr schwierig. Es ist aber die Lösungsgeschwindigkeit von der Kristallgröße abhängig, d. h., ein feinkristalliner Mullit muß in Flußsäure rascher gelöst werden als ein gröber ausgebildeter. Tatsächlich konnte bei Proben fast gleicher mineralogischer Zusammensetzung festgestellt werden, daß Unterschiede im Lösungsverhalten des Mullits mit einer unterschiedlichen Festigkeit parallel gehen. Die Abb. 37 zeigt den R_2O_3-Gehalt im Rückstand in Abhängigkeit von der Einwirkungszeit der Flußsäure. Der R_2O_3-Gehalt im Rückstand wächst trotz ähnlichen chemischen und mineralogischen Aufbaus des Scherbens sehr unterschiedlich mit der Zeit an, und es ergibt sich eine Gruppierung nach Festigkeitswerten. Die Unterschiede sind so groß, daß sie nicht mit einem unterschiedlichen Lösen des SiO_2-Anteils erklärt werden können, sondern auf das verschieden schnelle Lösen des Mullits zurückzuführen sind. Die Vermutung, daß eine kleinere Kristallgröße des Mullits sich positiv auf die Festigkeit des Scherbens auswirkt, wird durch elektronenoptische Aufnahmen an aus den Proben isolierten Mulliten bestätigt. Dazu wurden die Proben analysenfein gemahlen und zwei Stunden mit 180 cm^3 10%iger Fluß-

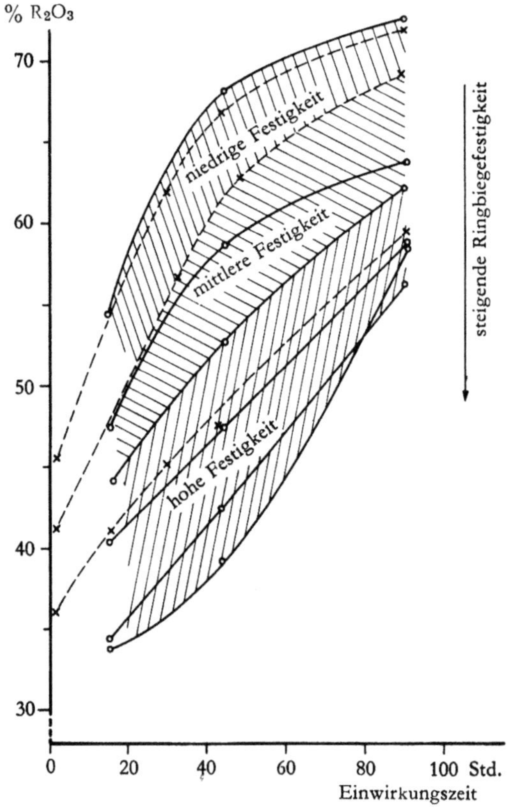

Abb. 37 R_2O_3 im Rückstand nach Behandlung mit 2%iger Flußsäure

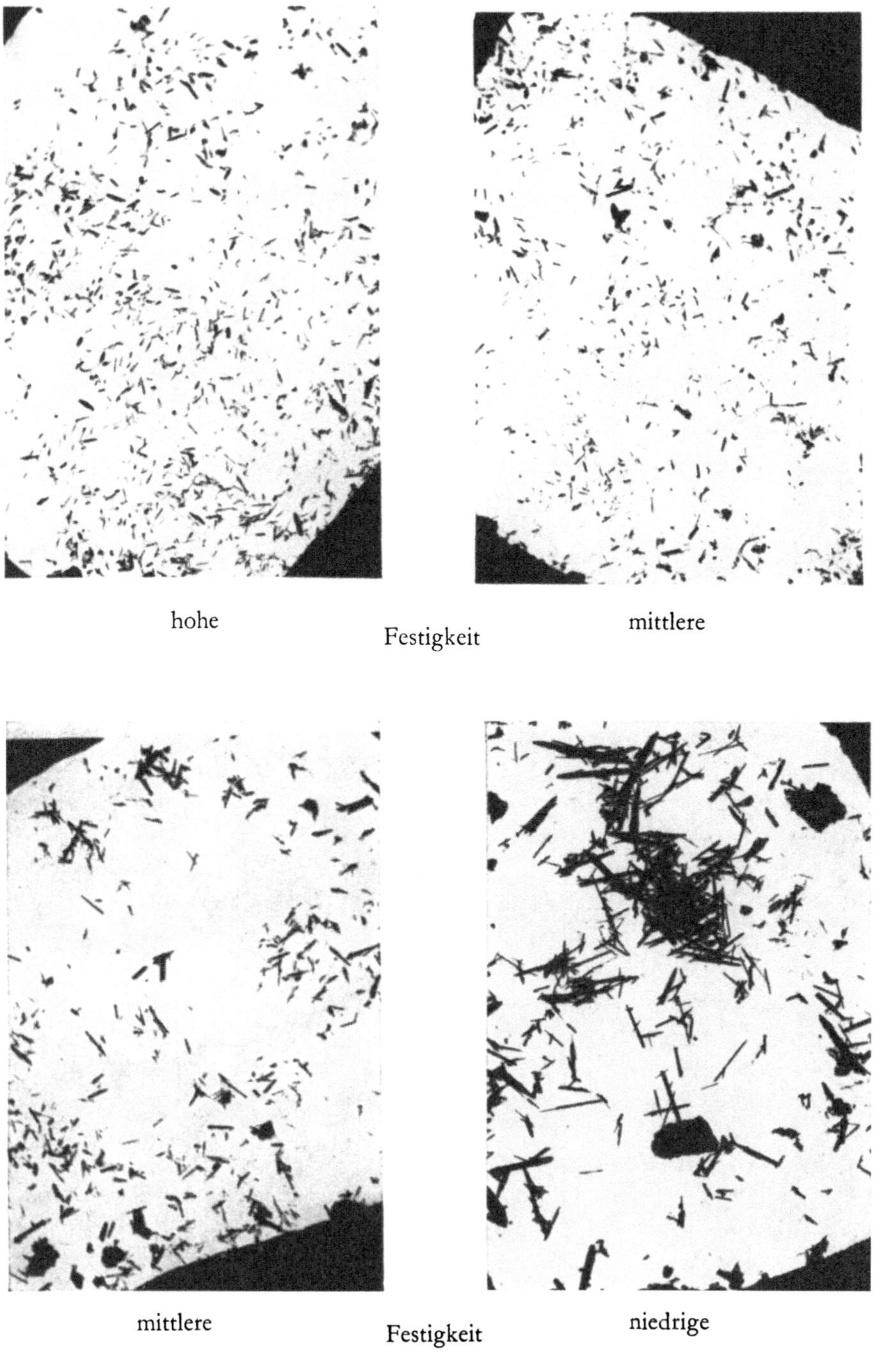

Abb. 38 Elektronische Aufnahmen von Mullit in Kanalisations-Steinzeug (Vergrößerung 2400fach)

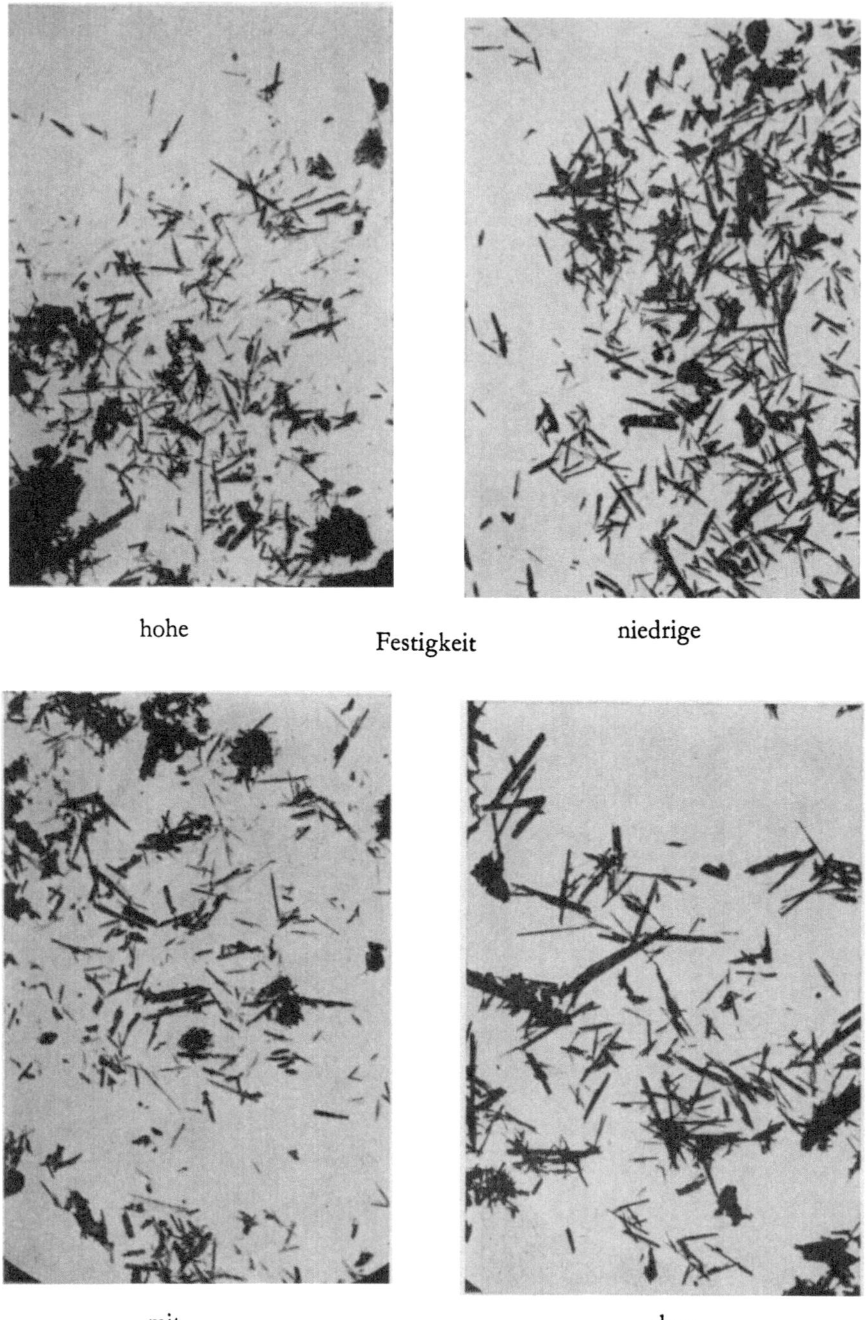

Abb. 39 Elektronenoptische Aufnahmen von Mullit in Kanalisations-Steinzeug (Vergroßerung 7500fach)

säure behandelt und anschließend im Elektronenmikroskop untersucht. Erfahrungsgemäß sind nach dieser Behandlung kein Glas mehr und nur geringe Mengen an SiO_2-Modifikationen in der Probe enthalten. Bei der Betrachtung der folgenden Abb. 38 und 39 und dem Vergleich der durchschnittlichen Größe der Mullitkristalle mit den Festigkeitswerten der dazugehörigen Proben zeigt sich, daß die Festigkeit mit abnehmender Größe der Mullitkristalle zunimmt.
Aus einigen Versuchen scheint sich zu ergeben, daß die Mullitgröße mit Zunahme des Na_2O-Gehaltes abnimmt. Vermutlich kommt es unter diesen Bedingungen zu einer schnellen Bildung einer Unzahl von Kristallkeimen, wodurch die Größe der Mullitkristalle begrenzt wird. Die Vermutung, daß durch einen erhöhten Natriumgehalt neben einer Erhöhung des Glasanteils auch eine weitere Verfestigung des Scherbens durch einen dichteren, aus kleineren Nadeln bestehenden Mullitfilz hervorgerufen wird, wurde durch Versuche mit Zusatz von Na—Aluminat bestätigt [20]. Zu diesem Zweck wurden von der Firma Grosspeter und Lindemann in Großkönigsdorf Versuchsmassen (75% Ton aus der Grube Sybilla und 25% Schamotte) mit und ohne Zusatz von Na—Aluminat hergestellt und unter Betriebsbedingungen gebrannt. Die chemische Analyse der gebrannten Scherben ist in Tab. 11 zusammengestellt; bei fast gleichen analytischen Daten erkennt man den zusatzbedingten Unterschied im Na_2O-Gehalt. Der röntgenographisch ermittelte mineralogische Aufbau entsprach den vorhergehenden Ergebnissen.

Tab. 11 Chemische Analyse der untersuchten Proben
(A O ohne, B O mit Na—Aluminat-Zusatz)

Proben-bezeichnung	Al_2O_3 %	Fe_2O_3 %	TiO_2 %	CaO %	Na_2O %	K_2O %	Glühverlust %
A O	25,4–25,9	1,90–2,10	1,43–1,55	0,2–0,8	0,18–0,20	1,78–1,95	0,15
B O	25,4–25,7	1,85–2,20	1,43–1,59	0,2–0,8	0,40–0,50	1,81–1,90	0,15

6.23

Die Reaktionsbereitschaft des Quarzkornes

Bei den Versuchsmischungen wurde die Körnungsanalyse durchgeführt und die mineralogische Zusammensetzung nach dem Brand bestimmt. Es zeigte sich, daß der grobe Anteil der zugesetzten gemahlenen Schamotte entspricht und daß das mittlere Korn (30–6 μ) fast reiner Quarz war (Abb. 40a–f). Interessant ist der Vergleich mit dem restlichen Quarzgehalt in den gebrannten Mischungen: Nimmt man an, daß der gröbere Quarz bei den gegebenen Betriebsbedingungen nicht umwandelt, so kommt man bei allen Mischungen zu dem Ergebnis, daß Quarzkorn unter 10–12 μ in den gebrannten Scherben nicht mehr vorhanden ist, was auch qualitativ durch mikroskopische Beobachtung bestätigt wurde.

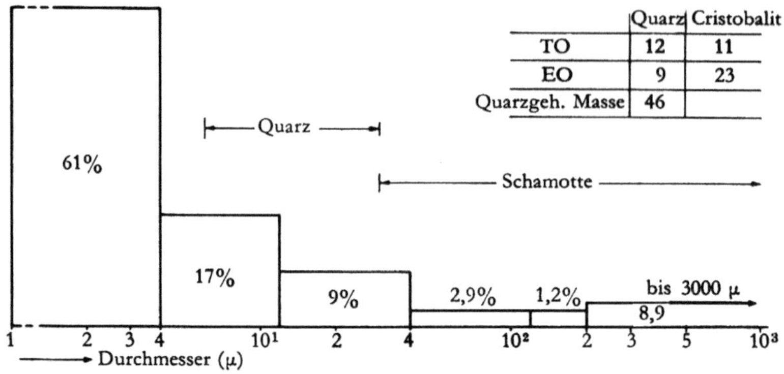

	Quarz	Cristobalit
TO	12	11
EO	9	23
Quarzgeh. Masse	46	

Abb. 40a Korngroßenverteilung der Masse H_1 u. E_1

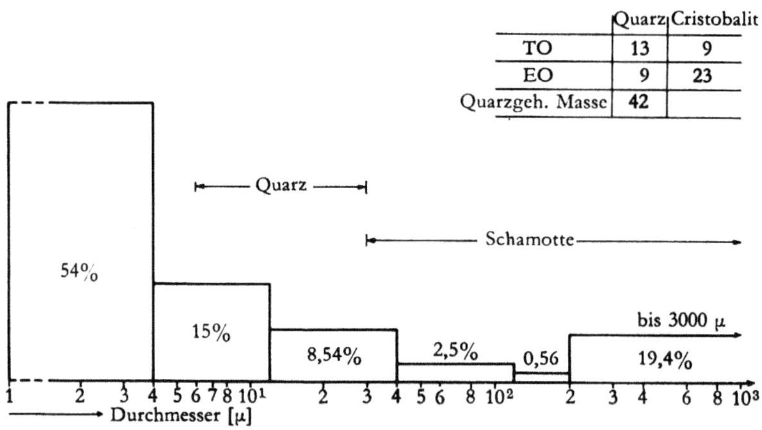

	Quarz	Cristobalit
TO	13	9
EO	9	23
Quarzgeh. Masse	42	

Abb. 40b Korngroßenverteilung Masse H_2 und E_2

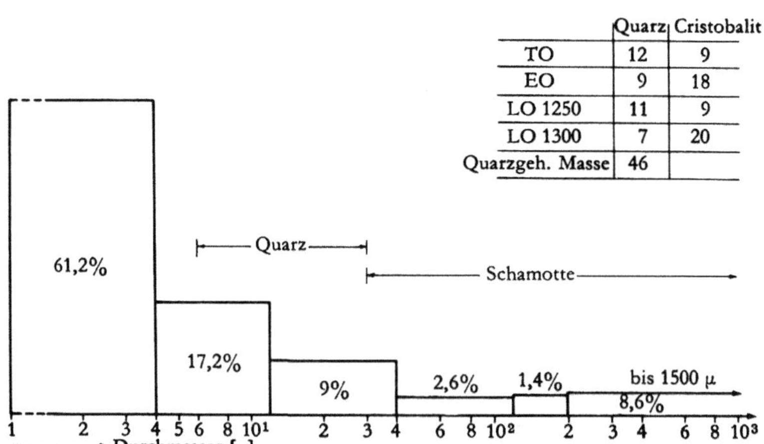

	Quarz	Cristobalit
TO	12	9
EO	9	18
LO 1250	11	9
LO 1300	7	20
Quarzgeh. Masse	46	

Abb. 40c Korngroßenverteilung Masse H_4 und E_4

	Quarz	Cristobalit
TO	14	6
EO	10	22
LO 1250	15	4
LO 1300	6	16
Quarzgeh. Masse	42	

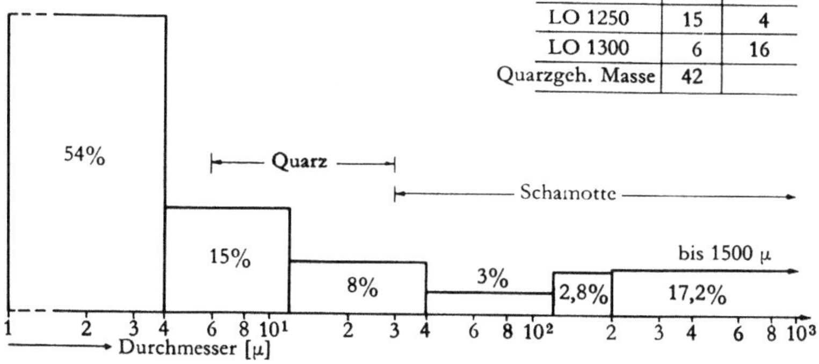

Abb. 40d Korngroßenverteilung Masse H_5 und E_5

	Quarz	Cristobalit
TO	33	
EO		
LO 1250	34	
LO 1300	29	11
Quarzgeh. Masse	68	

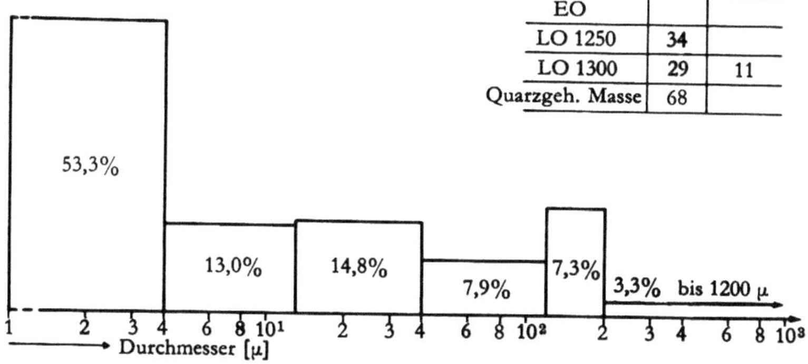

Abb. 40e Korngrößenverteilung Masse T_1

	Quarz	Cristobalit
TO	22	4
EO	19	19
LO 1250	15	8
LO 1300	17	18
Quarzgeh. Masse	51	

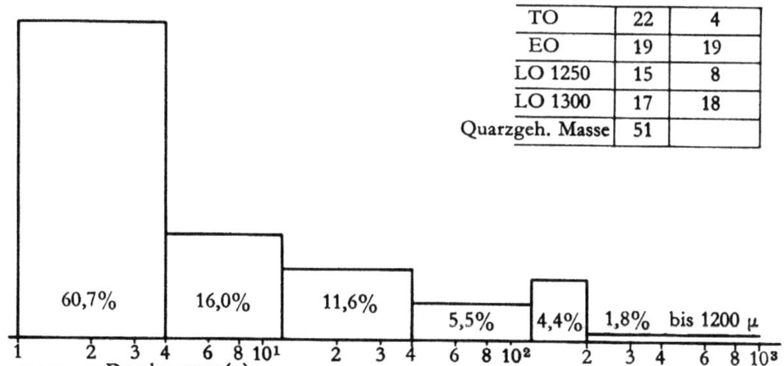

Abb. 40f Kornverteilung der Masse T_2

7. Die Bedeutung der Schwankungen im Aufbau der Rohstoffe

Es wurde oben darauf hingewiesen, daß bei der Einstellung der chemischen Zusammensetzung um 22% Al_2O_3 Schwankungen in der Zusammensetzung der Rohstoffe und örtliche Mischungsfehler von Bedeutung sind. Die Versuchsbrände haben gezeigt, daß eine Quarzkörnung über ca. 10–12 μ Durchmesser erhalten bleibt und damit auch die Zusammensetzung und Eigenschaften des Scherbens beeinflußt. Um einen Überblick zu erhalten, mit welchen Schwankungen in Zusammensetzung und Aufbau man bei den Rohstoffen rechnen muß, wurden die anstehenden Profile aus drei Tongruben untersucht. Die Probenahme erfolgte entsprechend den Richtlinien des Fachausschußberichtes Nr. 7 der DKG vom Januar 1956 (»Probenahme von tonmineralhaltigen Rohstoffen für die Ermittlung der technischen Daten zur Erstellung eines Rohstoffmerkblattes«), wobei Einzelproben über die gesamte Profilhöhe sowie Durchschnittsproben der Profile genommen wurden.

7.1

Die chemische Analyse

Die Ergebnisse der analytischen Untersuchung der Tone der Grube Sybilla sind in Tab. 12 festgelegt. Sie zeigen, daß der Al_2O_3-Gehalt der Einzelproben etwa zwischen 17 und 30% schwankt, während der Mittelwert des Tones um 23% liegt. Der mittlere Fe_2O_3- und TiO_2-Wert beträgt im Durchschnitt 2,2 bzw. 1,6%, kann aber in Einzelproben auf 2,9% ansteigen. Der Wert für CaO und MgO überschreitet im Mittel kaum 0,5%. Der Gehalt an K_2O liegt im Durchschnitt bei 2,5%, steigt jedoch in Einzelfällen auch bis 3% an. Die Na_2O-Werte schwanken um 0,2%. Der Bereich des Glühverlustes liegt je nach Tonerdegehalt und kohliger Substanz zwischen 5 und 14%, im Durchschnitt zwischen 7 und 8%.
Vergleicht man mit diesen Ergebnissen aus der Grube Sybilla die analytischen Daten der Gruben Westerwald I und II (Tab. 13 und 14), so fällt auf, daß, abgesehen von anstehendem sehr sandigem Ton mit ungefähr 12–14% Al_2O_3, der Tonerdegehalt vor allem in der Grube W II bedeutend höher liegt (26–27%) und in mehreren Fällen sogar 36% Al_2O_3 erreicht. Der Gehalt an Fe_2O_3 und TiO_2 der Grube W I liegt ungefähr in der gleichen Größe wie bei der Grube Sybilla, um 2,2 bzw. 1,6%. In der Grube W II liegt zwar der TiO_2-Gehalt in der gleichen Höhe, doch treten Fe_2O_3-Gehalte über 1,5% mit Ausnahme im roten Boluston (bis 4%) nicht auf. Der MgO- und CaO-Gehalt schwankt in allen drei Vorkommen ziemlich gleichmäßig um 0,5%. Gemeinsam unterscheiden sich die beiden Wester-

Tab. 12 Zusammenstellung der chemischen Analysen der Tone aus der Grube Sybilla

Profil	Probe Nr.	SiO_2 %	R_2O_3 %	Al_2O_3 %	Fe_2O_3 %	TiO_2 %	CaO %	MgO %	K_2O %	Na_2O %	Gluhverlust %	SK-Fallpunkt
I	FD 1	69,48	26,56	22,63	2,22	1,71	0,60	0,77	2,46	0,13	8,27	19
III	FD 2	71,69	24,08	20,50	2,00	1,58	0,92	0,68	2,24	0,92	7,50	18
I	F 1	73,82	23,52	19,97	1,43	2,12	0,80	0,14	1,58	0,14	7,28	28
I	F 2	74,62	22,72	19,16	1,32	2,24	0,48	0,17	1,86	0,15	6,08	28
I	F 3	67,01	29,32	25,75	1,92	1,65	0,20	0,69	2,64	0,14	8,11	29
I	F 4	71,35	25,68	22,18	1,98	1,52	0,48	0,32	2,04	0,13	7,34	29
I	F 5	77,70	19,96	16,97	1,53	1,46	0,24	0,17	1,80	0,13	5,94	18/19
I	F 6	69,80	26,76	22,89	2,28	1,59	0,48	0,16	2,64	0,16	7,43	29
I	F 7	63,41	33,40	28,98	2,90	1,52	0,24	0,09	2,70	0,16	9,54	26
I	F 8	59,30	35,68	31,33	2,92	1,43	0,20	0,07	3,15	0,17	14,10	29/30
IV	F 26	68,74	27,60	24,14	1,81	1,65	0,27	0,21	3,00	0,18	7,96	29
IV	F 27	70,11	26,60	23,27	1,77	1,65	0,34	0,24	2,54	0,17	7,22	29
IV	F 28	66,43	29,76	25,86	1,90	2,00	0,40	0,35	2,88	0,18	n.b.	29
IV	F 29	76,66	20,72	17,63	1,57	1,52	0,23	0,25	2,00	0,14	5,69	28
IV	F 30	71,59	25,04	21,48	2,00	1,56	0,30	0,28	2,62	0,17	6,76	28
IV	F 31	68,43	27,68	23,84	2,14	1,70	0,37	0,41	2,34	0,17	7,74	29
IV	F 32	60,66	34,96	30,70	2,78	1,48	0,52	0,68	3,00	0,18	10,01	30

Tab. 13 Zusammenstellung der chemischen Analysen der Tone aus der Grube W II

Profil	Probe Nr.	SiO_2 %	R_2O_3 %	Al_2O_3 %	Fe_2O_3 %	TiO_2 %	CaO %	MgO %	K_2O %	Na_2O %	Gluhverlust %	SK-Fallpunkt
–	F 201	64,23	31,12	28,50	1,08	1,54	0,44	0,50	3,47	0,24	7,14	30
–	F 202	55,43	39,77	36,55	1,77	1,45	0,28	0,62	3,65	0,25	9,17	32
–	F 203	56,40	39,16	36,48	1,25	1,43	0,27	0,50	3,42	0,25	9,79	32
–	F 204	64,79	30,49	27,62	1,27	1,60	0,22	0,72	3,54	0,24	7,41	30
–	F 205	66,02	28,94	26,37	1,10	1,47	0,44	0,58	3,78	0,24	6,99	29/30
–	F 206	82,91	15,02	13,51	0,63	0,88	0,24	0,31	1,41	0,11	3,83	27/28
–	F 207	82,15	15,26	13,46	0,70	1,10	0,72	0,35	1,40	0,12	4,02	27/28
–	F 207a	84,74	13,28	11,56	0,67	1,05	0,12	0,40	1,36	0,10	3,34	27
–	F 207b	62,35	32,52	29,49	1,41	1,62	0,44	0,56	3,90	0,23	8,03	30
–	F 208	67,13	28,30	24,30	2,41	1,59	0,26	0,62	3,50	0,19	6,21	29
–	F 209	67,72	27,68	22,49	3,72	1,47	0,24	0,67	3,50	0,19	5,69	28
–	FD 51	63,30	31,82	28,99	1,25	1,58	0,44	0,53	3,68	0,23	7,88	30
–	FD 52	57,04	39,34	36,52	1,38	1,44	0,27	0,56	3,54	3,54	9,48	30
–	FD 53	65,51	29,66	26,94	1,18	1,54	0,33	0,65	3,61	0,24	7,20	28
–	FD 54	83,22	14,55	12,84	0,70	1,01	0,36	0,37	1,39	0,11	3,73	26
–	FD 55	67,43	27,98	23,39	3,06	1,53	0,25	0,65	3,50	0,19	5,95	19/20

Tab. 14 Zusammenstellung der chemischen Analysen der Tone aus der Grube W I

Profil	Probe Nr.	SiO_2 %	R_2O_3 %	Al_2O_3 %	Fe_2O_3 %	TiO_2 %	CaO %	MgO %	K_2O %	Na_2O %	Gluhverlust %	SK-Fallpunkt
–	FD 56	66,77	29,16	25,46	2,11	1,59	0,12	0,52	3,20	0,23	7,09	28
–	FD 57	67,41	28,12	24,42	2,20	1,50	0,42	0,78	3,08	0,19	6,60	27
–	FD 58	66,75	28,60	24,61	2,52	1,47	0,50	0,68	3,26	0,21	6,58	27
–	FD 59	67,07	28,00	22,91	3,62	1,47	0,64	0,60	3,48	0,21	6,49	26
–	FD 60	68,37	27,40	23,58	2,40	1,42	0,30	0,65	3,08	0,20	6,49	27/28
–	FD 61	80,34	17,00	14,47	1,37	1,16	0,34	0,48	1,72	0,12	3,94	27/28

wälder Tone vom Sybilla-Ton durch einen um ungefähr 1% höheren Alkaligehalt. So liegt der K_2O-Gehalt der Gruben W I und W II bei 3,5% und der Na_2O-Gehalt bei 0,25% (Abb. 41).

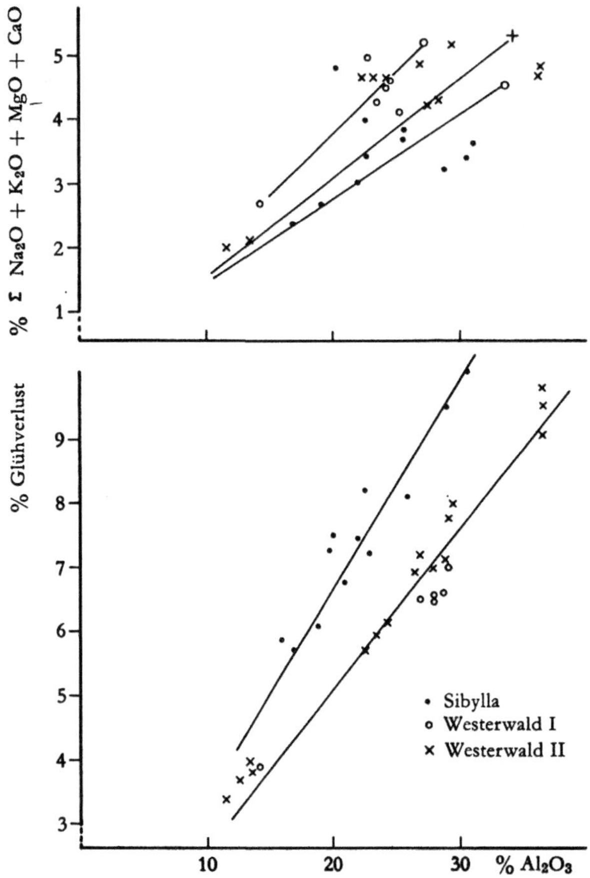

Abb. 41 Abhangigkeit des Flußmittelgehaltes und des Gluhverlustes vom Al_2O_3 - Gehalt

Trägt man die Summe der Alkali- und Erdalkaliwerte gegenüber dem Al_2O_3-Gehalt auf, so erkennt man, daß die beiden Westerwälder Tone einen höheren Anteil einer alkalireicheren Komponente, wie z. B. Illit, in der Tonsubstanz aufweisen. Parallel hierzu geht auch der unterschiedliche Glühverlust bei gleichem Al_2O_3-Gehalt. Entsprechend dem höheren Tonerdegehalt liegt die Feuerfestigkeit der beiden Westerwälder Lager W I und W II trotz des höheren Flußmittelgehaltes um 1–2 Segerkegel höher.

7.2

Das keramische Verhalten

Bei der Untersuchung der keramischen Eigenschaften im Laboratorium wurde als Grundlage ein gleicher Plastizitätsgrad der einzelnen Proben, nämlich 16° Pfefferkorn, gewählt [10]. Je nach dem Gehalt an quellfähiger Substanz und Mineralgehalt ist der Anmachewasserbedarf, um den gleichen Plastizitätsgrad zu erreichen, verschieden.

7.21

An Hand von Korngrößenuntersuchungen nach ANDREASEN (DIN *51033*) konnte festgestellt werden, daß die Tone der Grube Sybilla im Durchschnitt etwas feiner waren als die Tone der Lager W I und W II. Die Ergebnisse sind in den Abb. 42 bis 45 zusammengestellt. Die etwas feinere Korngröße der Tone aus dem Vorkommen Sybilla bestätigt ebenfalls die höhere Schwindung und größere Trockenbiegefestigkeit. Aus dem Al_2O_3-Gehalt der untersuchten Probe wurde ohne Berücksichtigung der Verunreinigungen, wie Illit und Feldspat, der theoretische Kaolinitwert errechnet und als Feinanteil in die Korngrößenverteilungsgruppe eingesetzt. Es zeigt sich, daß in den meisten Fällen die Kornverteilung des Tones unterhalb 4 μ Äquivalentdurchmesser begann. In einzelnen Fällen (bei hohem Tonanteil) wurden auch oberhalb 4 μ geringe Mengen an toniger Substanz gefunden, was auf eine nicht vollständige Peptisierung – trotz aller Vorsichtsmaßnahmen – zurückzuführen ist.
Bestätigt wird dies durch einige Röntgenaufnahmen der drei Vorkommen (Abb. 46), deren Auswertung einen Quarzgehalt ergibt, der der Summe der Verteilungskurve zwischen 4–200 μ etwa entspricht. Die wahrscheinliche Korngrößenverteilungskurve des Quarzes ist in den graphischen Darstellungen der Abb. 42–45 eingezeichnet. Es fällt hierbei auf, daß nicht nur die Menge, sondern auch die Kornverteilung des Quarzanteiles erheblich schwankt, auch innerhalb einer Lagerstätte bei verschiedenen Entnahmestellen. Betrachtet man den Quarzanteil über 10–12 μ Korndurchmesser als nicht veränderten Bestandteil, so erkennt man die erheblichen Schwankungen der Lagerstätten Sybilla und Westerwald II. Eine entsprechende labormäßige Überwachung und eine gute Vermischung genügend großer Rohstofflager sind notwendig, um ein gleichmäßiges Erzeugnis zu sichern.
Der folgenden Abb. 47 ist der Anmachewasserbedarf der Tone aus der Grube Sybilla und der Vorkommen W I und W II in Abhängigkeit vom Al_2O_3-Gehalt dargestellt. Der Vergleich zeigt, daß die beiden Westerwälder Tone weniger Wasser bedürfen, um dieselbe Plastizität zu erreichen. Dies gibt einen ersten Hinweis dafür, daß Massen, die überwiegend Sybilla-Ton enthalten, vorsichtiger getrocknet werden müssen, da, wie es weiter unten auch bestätigt wird, mit einer höheren Trockenschwindung zu rechnen ist.

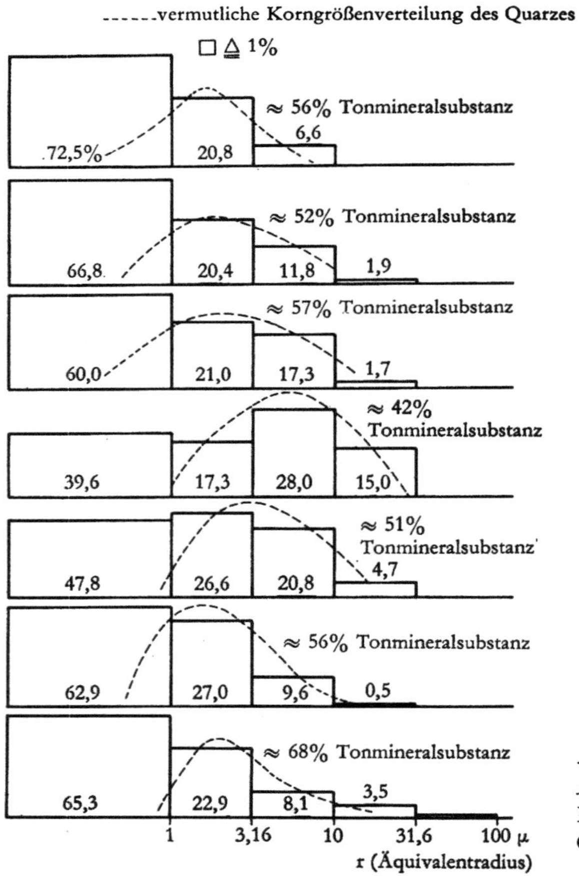

◄ Abb. 42
Korngrößenverteilung
Grube Sibylla

► Abb. 43
Korngrößenverteilung
Grube Sibylla

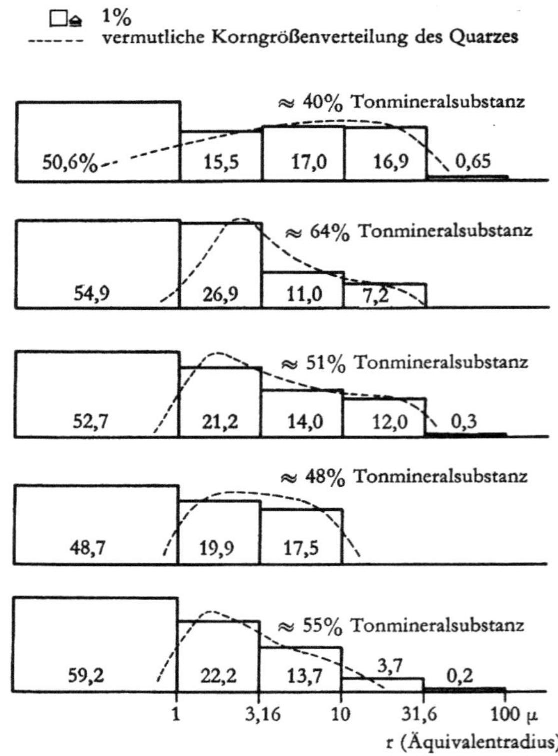

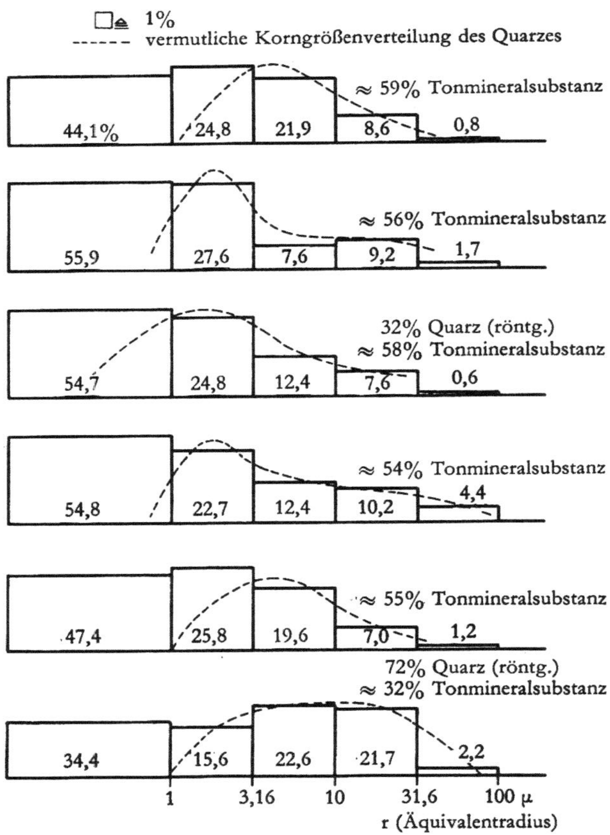

◄ Abb. 44 Korngrößenverteilung Grube Westerwald I

► Abb. 45 Korngrößenverteilung Grube Westerwald II

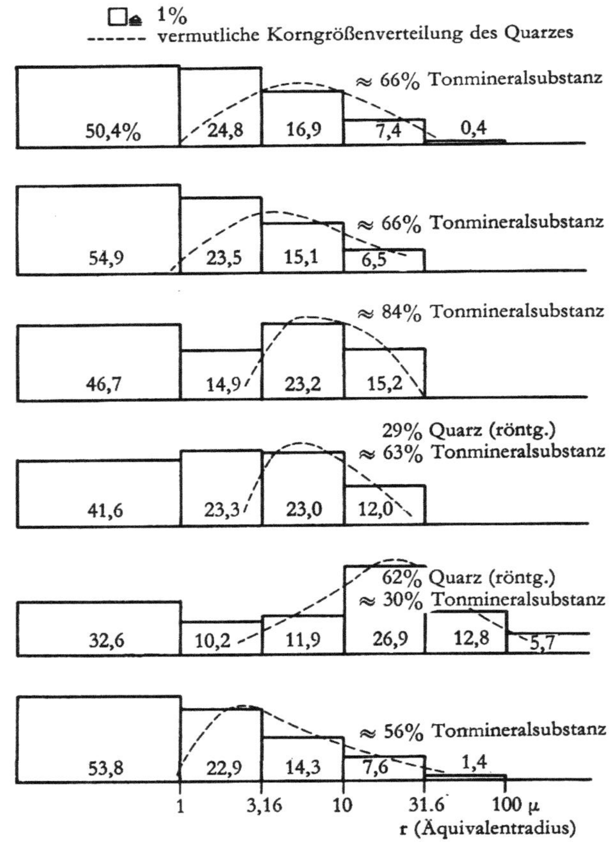

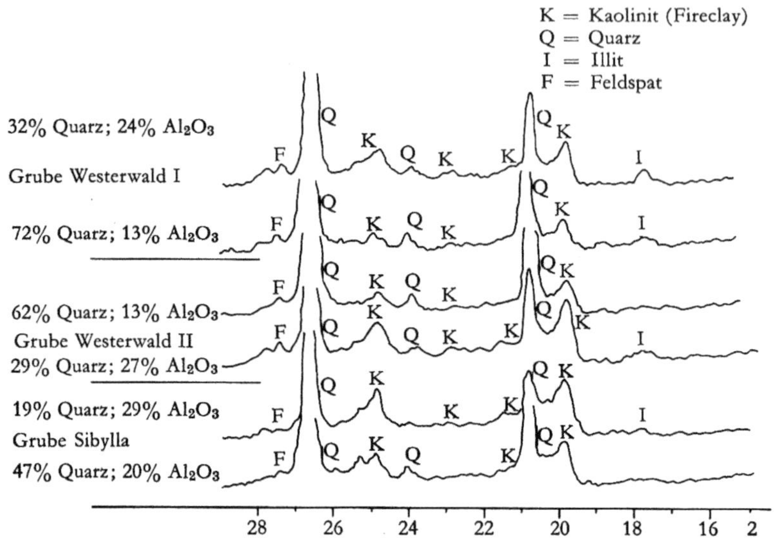

Abb. 46 Röntgendiagramme von Tonen der Gruben Sibylla, Timpel und Gunther

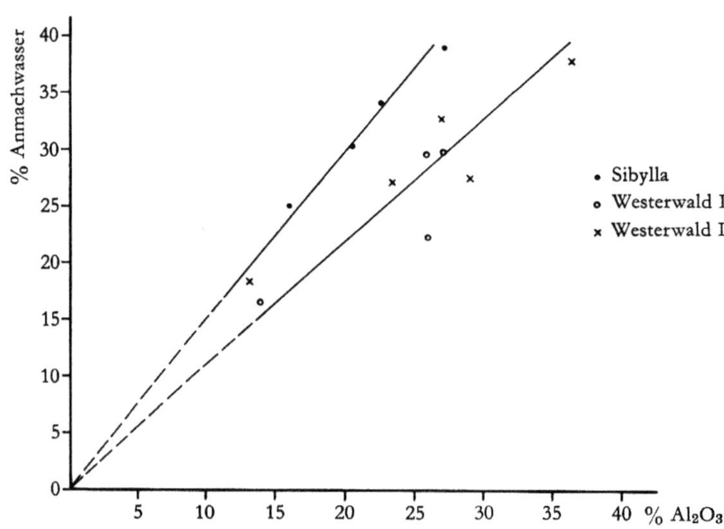

Abb. 47 Anmachwasser in Abhangigkeit vom Al_2O_3 - Gehalt

Die Trockenschwindung wurde ermittelt, indem in vorgeformte Probeziegel Schwindmarken mit bekannten Abmessungen eingetragen und nach dem Trocknen bei 110° C bis zur Gewichtskonstanz zurückgemessen wurde. Abb. 48 zeigt die Trockenschwindung der drei Lagerstätten in Abhängigkeit vom Tonerdegehalt und bestätigt die obige Vermutung.

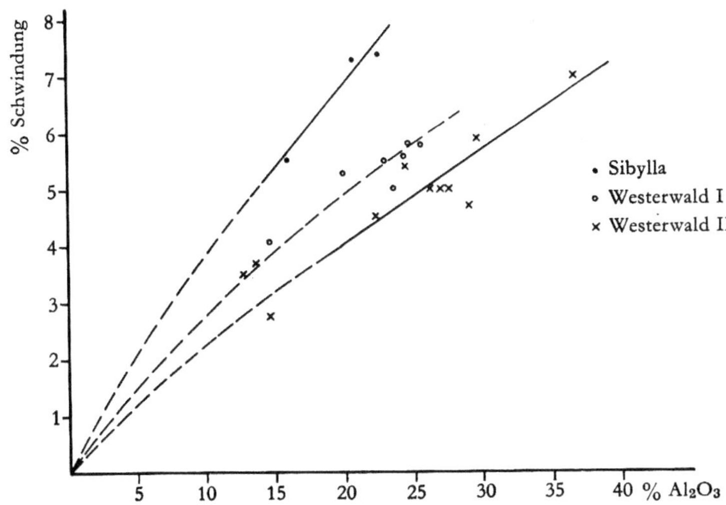

Abb. 48 Trockenschwindung in Abhängigkeit vom Al_2O_3 - Gehalt

Die Trockenbiegefestigkeit wurde an vorgeformten Stäben mit folgenden Abmessungen bestimmt:

Länge (oben)	250 mm
Länge (unten)	255 mm
Breite (oben)	20 mm
Breite (unten)	22 mm
Dicke	15 mm

Die Tab. 15 zeigt, daß die Trockenbiegefestigkeit der Tone der Grube Sybilla im Mittel ungefähr 10–15 kg/cm² höher liegt als die der Tone aus den beiden Westerwälder Lagern. Dies steht im Einklang mit der höheren Schwindung des Sybilla-Tones.

Tab. 15

Tongrube	16° Pfefferkorn Anmachewasser %	Trocken-biegefestigkeit kg/cm²	Biegefestigkeit nach 2h 1100°C kg/cm²	Wasseraufnahme nach 2h 1100°C %
Sybilla				
FD 1	34,4	28	300	0,5
FD 2	30,4	40	400	0,5
mager	25,0	18	300	0,5
fett	39,0	45	400	2–3
Westerwald I				
FD 56	29,9	20	280	8,0
FD 57	29,2	29	290	7,2
FD 58	29,8	25	530	10,8
FD 59	28,4	22	300	9,2
FD 60	28,1	25	320	15,8
FD 61	22,0	16	330	14,0
Westerwald II				
FD 51	27,4	17	500	1,5
FD 52	38,0	20	700	1,5
FD 53	33,2	17	550	3,0
FD 54	18,3	11	100	5,0
FD 55	27,0	14	500	2,5

7.22

Um festzustellen, ob und wieweit diese Unterschiede im Anmachewasserbedarf und in der Trockenschwindung auch nach dem Brennen der Tonproben noch erkennbar sind, wurden getrocknete Probeziegel im Labor-, Tunnel- und Einzelofen gebrannt und anschließend untersucht. Für diese Untersuchungen konnten nur jeweils einheitliche Messungen ausgewertet werden, da sowohl die Schwindung als auch das Blähen von den Brennbedingungen abhängig sind. Die Erhitzungsgeschwindigkeit, aber auch die Probengröße und die Ofenatmosphäre beeinflussen die Ziffern in erheblichem Maße, und es ist daher verständlich, daß der Zusammenhang zwischen Brennschwindung und Tonerdegehalt, wie ihn Abb. 49 zeigt, beim Laborofen, Einzelofen oder Kammerofen und Tunnelofen verschieden ausfällt; deutlich erkennbar ist jedoch in allen Fällen, daß beim Brennen von Tonen der Grube Sybilla mit höheren Schwindungswerten zu rechnen ist als bei den Westerwälder Lagern W I und W II.
Die Tone wurden außerdem im Dilatometer und Erhitzungsmikroskop bis 1600°C untersucht. Die Ergebnisse zum Schwinden und Wachsen schließen aneinander gut an und sind in Abb. 50 dargestellt. Es zeigt, daß der Blähbeginn im allgemeinen zwischen 1350 und 1400°C liegt. Der Beginn des Blähens scheint

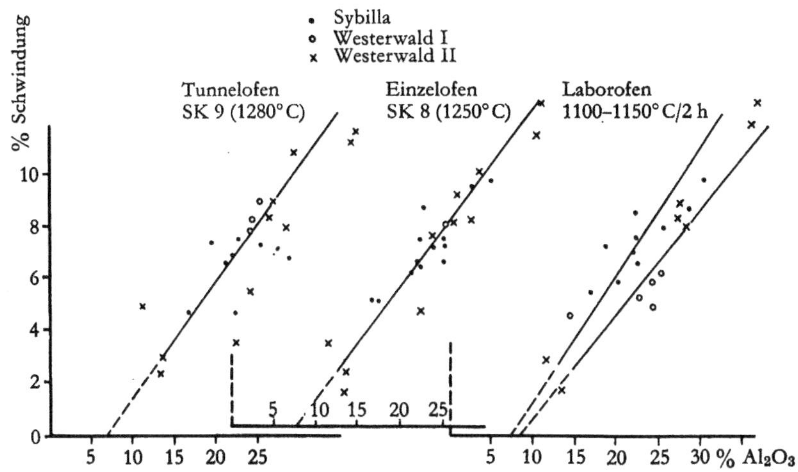

Abb. 49 Brennschwindung

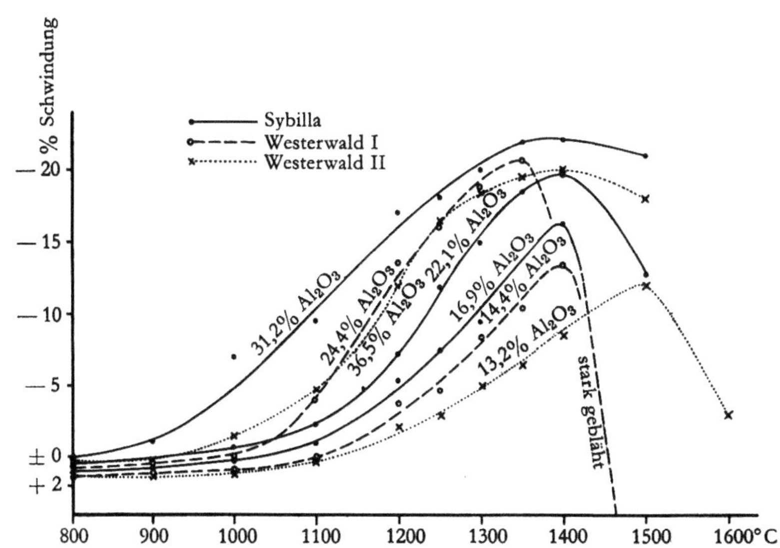

Abb. 50 Dehnungs-Schwindungskurven von Tonen

durch den magernden Quarzanteil verzögert zu werden. Das im Vergleich zur Probe aus dem Lager Sybilla mit 22,1% Al_2O_3 zu frühe Dichtwerten und anschließend zu frühe Blähen der Probe aus dem Lager W I mit 24,4% Al_2O_3 dürfte neben dem unterschiedlichen Alkaligehalt vor allem auf den höheren Eisengehalt dieser Probe zurückzuführen sein.

Die geringe Neigung zum Blähen bei sehr sauren tonigen Rohstoffen ist in Übereinstimmung mit entsprechenden Angaben aus der Literatur [21].

Eine Reihe von Stäben aus dem gleichen Arbeitsgang wurde zwei Stunden bei 1100° C im Laborofen gebrannt und anschließend die Festigkeit dieser Proben sowie deren Wasseraufnahme festgestellt. Die Ergebnisse werden ebenfalls in der Tab. 15 wiedergegeben. Es zeigte sich, daß die Stäbe der Proben aus der Grube Sybilla sowie des Vorkommens W I Festigkeiten von 300–400 kg/cm² aufwiesen, während die des Lagers W II im Durchschnitt Festigkeiten von über 500 kg/cm² hatten.
Aus der Wasseraufnahme ist zu ersehen, daß bei den aufgewendeten Temperaturen die Tone der Grube Sybilla sowie auch des Lagers W II relativ leicht dichtbrennen, während beim Vorkommen W I noch mit einer Wasseraufnahme um 10% gerechnet werden muß.

7.23

Mineralogische Untersuchungen

Diese Untersuchungen wurden mit dem Elektronenmikroskop, der Röntgenapparatur und der DT-Analyse durchgeführt. Die folgenden elektronenoptischen Aufnahmen (Abb. 51) zeigen beim Westerwälder Lager noch eine ziemliche Menge gut abgegrenzter sechseckiger Kaolinitplättchen, während ähnliche gut kristallisierte Teilchen im Sybilla-Ton kaum mehr zu sehen sind. Dies stützt die Vermutung, daß der Ton des Lagers Sybilla mehr Fireclay-artigen Charakter hat als die Vorkommen W I und W II.

Sybilla   Westerwald

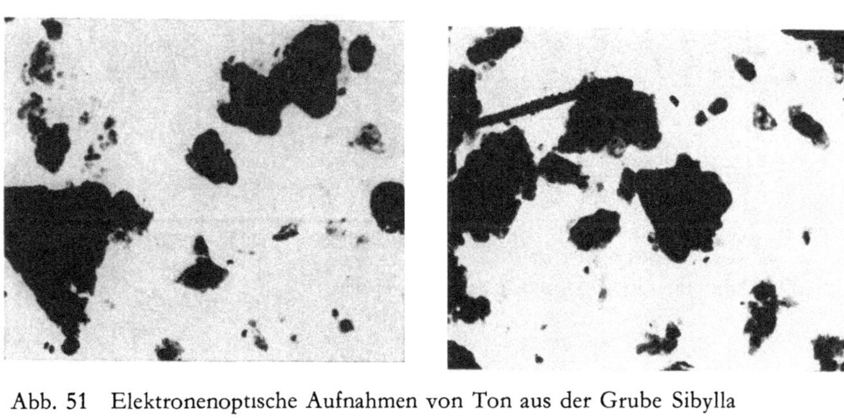

Abb. 51 Elektronenoptische Aufnahmen von Ton aus der Grube Sibylla und dem Westerwald (Vergroßerung 13000 fach)

Die Abb. 46 zeigt im Vergleich einige Röntgenaufnahmen der Vorkommen, wobei der Quarzgehalt der Proben jeweils quantitativ und der Kaolinit-Fireclay-Anteil sowie die weiteren Verunreinigungen an Feldspat und Illit qualitativ ermittelt wurden. Man erkennt deutlich, daß der erhöhte Alkaligehalt der Lager WI und WII vor allem auf einen größeren Illit- und Feldspatgehalt zurückzuführen ist. Weiterhin zeigen die Röntgenaufnahmen deutlich, daß die Verunreinigungen mit diesen beiden Mineralen am größten im Lager W I sind und daß sie mit dem Gehalt an Tonerde ansteigen.

Differentialthermoanalytische Untersuchungen an einer Reihe von Proben ergaben in Übereinstimmung mit den anderen Ergebnissen Fireclay-artiges Tonmineral. Eine quantitative Auswertung der Fläche des Kaoliniteffektes zwischen 570–600° C in Abhängigkeit vom Tonerdegehalt wird in Abb. 52 wiedergegeben. Die Übereinstimmung der Effekte bei der DTA innerhalb der drei Lager bestätigt, daß die vorkommenden Tonminerale der gleichen Gruppe zugehören. Von einer weitergehenden quantitativen Auswertung wurde wegen der bekannten Schwierigkeiten bei der DTA-Analyse Abstand genommen.

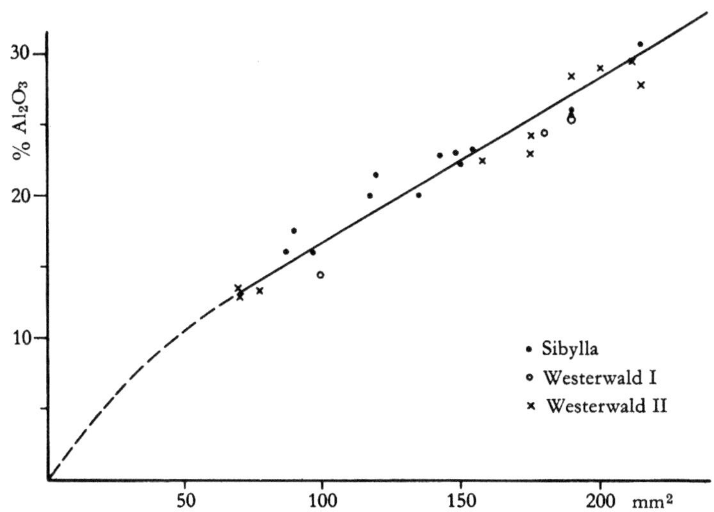

Abb. 52 Flache des DTA-Effektes bei 570° — 600° C in Abhangigkeit vom Tonerdegehalt

8. Die Reaktion vom Al_2O_3-reichen Ton mit Klebsand

Aus der Vorstellung, daß Al_2O_3-reicher Ton beim Brennen mit feinem Quarz reagiert und damit ein langes Brennintervall entwickelt, wurde eine Mischung aus einem Al_2O_3-reichen Westerwälder Ton und Sybilla-Ton hergestellt und mit verschiedenen Mengen an Klebsand versetzt. (Versuchsmassen T_1 und T_2.) Auf Schamotte als Magermittel wurde vollständig verzichtet.

8.1

Trotz des niedrigen Flußmittelgehaltes konnte bereits bei 1140° C ein dichter Scherben mit einer Wasseraufnahme von unter 5% erhalten werden. Bei einer weiteren Erniedrigung des Klebsandanteiles von 30 auf 15% (Masse T_2) wurde sogar eine Wasseraufnahme von unter 2% erhalten.
Hierfür ist neben der Zunahme an Feinstkorn durch die Tonkomponente die Verringerung des Quarzanteiles in der Masse und den damit verbundenen Volumänderungen bei der Umwandlung verantwortlich. Eine Erhöhung der Brenntemperatur, z. B. durch Tunnel- oder Einzelofenbrand, brachte nur noch eine geringe Erniedrigung der Wasseraufnahme.
Ein weiterer Grund der geringen Porosität der Massen T_1 und T_2 war, daß diese wegen ihrer Feinheit bereits einen dichten Rohscherben ergaben.

8.2

Die Mischungen der Reihe T erklären Erfolg und Mißerfolg des Zusatzes von Quarzsand: Mischungen aus einem Al_2O_3-reichen Ton mit Klebsand oder auch Quarzsand feiner Körnung können dann gute Werte ergeben, wenn weder im Ganzen noch in Inhomogenitäten der Mischung der Al_2O_3-Wert unter 18% absinkt. Man könnte aus den Versuchsergebnissen und den mineralogischen Untersuchungen sogar den Schluß ziehen, daß solche Mischungen vorteilhaft (wenn auch selten wirtschaftlich) einzusetzen sind. Sie sind nur recht empfindlich gegen Unterschreitung des Al_2O_3-Gehaltes und daher gegen Schwankungen in der Zusammensetzung der Rohstoffe und örtlich ungleichmäßige Verteilung durch Mischungsfehler.

8.3

Einige der gebrannten Versuchsmischungen wurden elektronenoptisch untersucht (Abb. 53). Mit steigender Brenntemperatur wächst die Größe der Mullitkristalle, doch werden der Habitus und die Breite des Bandes der vorkommenden Kristallgröße sehr deutlich vom Rohstoff bzw. vom Rohstoffgemisch beeinflußt. Wenn auch früher festgestellt wurde, daß ein feinstkristalliner Mullitfilz die Festigkeit günstig beeinflußt, so zeigen die elektronenoptischen Aufnahmen dieser Versuchsmassen, daß in diesem Bereich die Kristallgröße des Mullits keinen wesentlichen Einfluß mehr auf die Festigkeit ausübt.

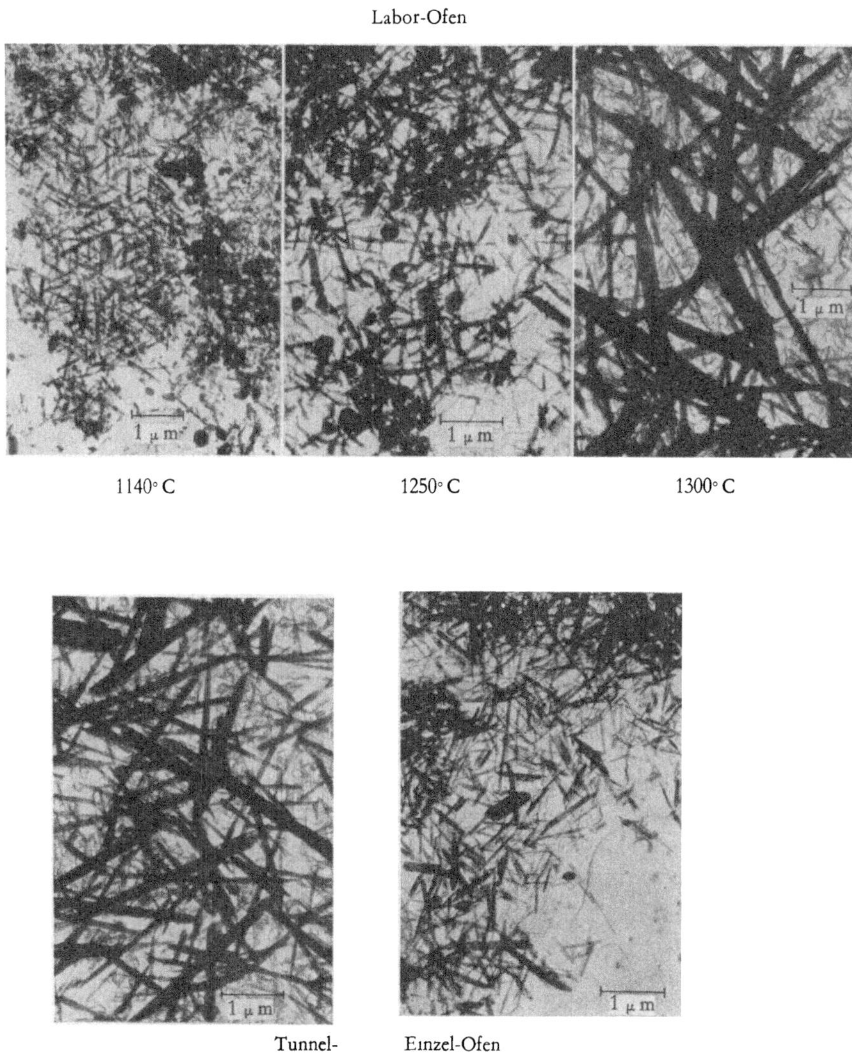

Abb. 53 Elektronenoptische Aufnahmen von Mullit

9. Zusammenfassung und Schlußfolgerungen

9.1

Die Brennschwindung wird durch steigenden Schamottezusatz kleiner. Ein Zusatz von 10% setzt die Brennschwindung um etwa 1,3% herab.

9.11

Die Wasseraufnahme des Scherbens wird in erster Linie von der Menge an Schamotte und vom Grobkorn oberhalb 1,5 mm stark verändert. Die Art der Schamotte sowie die Brenntemperatur zwischen 1140°–1300° C sind nur von geringerem Einfluß.

9.12

Die unterschiedliche Porosität der Schamotte beeinflußt die Porosität des Steinzeugscherbens merklich, da beim Brand kein wesentliches Nachschwinden des Magerkornes erfolgt.

9.13

Ein Zusatz von Flußmittel verringert die Wasseraufnahme und die Porosität nur dann, wenn er völlig homogen in der Masse verteilt werden kann; z. B. wenn er mit einer Tonkomponente eingebracht wird. Auch darf der Unterschied in der Sintertemperatur zwischen dem Flußmittel und der restlichen Masse nicht zu groß sein.

9.14

Innerhalb der einzelnen Ofentypen (Labor-, Tunnel-, Einzelofen) ergeben sich bei gleicher Brenntemperatur deutliche Unterschiede: Die Brennschwindung und das Raumgewicht sind im Laborofen geringer als im Tunnel- und Einzelofen, während die Gesamtporosität höher ist.

9.2

Die Ringbiegefestigkeit wird vor allem mit steigender Menge an Schamotte und dem Grobkorngehalt über 1,5 mm erniedrigt; auch die Art der Schamotte beeinflußt die Festigkeit noch merklich. Die Festigkeit wird dagegen bei Brenntemperaturen zwischen 1140–1300° C nur wenig verändert.

9.21

Bei gleichem Schamotteanteil ergibt feinkörnige Schamotte eine höhere Festigkeit als grobkörnige.

9.22

Der Einfluß der chemischen Zusammensetzung auf die Festigkeit wird weitgehend von der Schamottemenge und -körnung überdeckt.

9.23

Mischungen aus Al_2O_3-reichem und Al_2O_3-ärmeren Tonen geben häufig höhere Festigkeitswerte, sogar Zusätze von Klebsand sind nicht schädlich, wenn sie homogen in der Masse verteilt sind und der Al_2O_3-Gehalt auch örtlich nicht unter 18% absinkt.

9.24

Gegenüber den mit hohem Aufwand aufbereiteten homogenen Labormischungen haben betriebsmäßig hergestellte Rohre ungünstigere Werte. Eine Betriebskontrolle sollte deshalb folgende Prüfungen umfassen:

a) Untersuchung der Rohstoffe auf Al_2O_3-Gehalt und K_2O-Gehalt.

b) Bestimmung der Korngrößenverteilung der Tone. Zunehmende Menge Grobkorn im Ton (Quarzanteil $> 10\ \mu$) muß bei der Einstellung der Masse berücksichtigt werden.

c) Prüfung der Kornzusammensetzung der Schamotte (Entmischungen der Magerkörnung im Silo). Die Hauptmenge der Schamottekörnung soll unter 0,5 mm liegen.

9.3

Die Wasserdurchlässigkeit wird besonders von der Schamottemenge und der Körnung des Magermittels erhöht. Die Art der Schamotte ist von geringerem Einfluß; auch eine Erhöhung der Brenntemperatur über 1140–1300° C verringert die Durchlässigkeit nur wenig.

9.31

Im Gegensatz zur Festigkeit zeigte sich, daß auch die feinen Schamottekörnungen < 1,5 mm noch beträchtlichen Einfluß auf die Wasserdurchlässigkeit haben. Sie steigt besonders stark bei fehlendem Korn unter 0,5 mm an.
Die Korngröße der Schamotte soll deshalb möglichst vollständig unter 1,5 mm liegen und ein genügender Anteil zwischen 0–0,5 mm vorhanden sein. Die Schamottemenge sollte 30% nicht überschreiten.

9.32

Eine Summierung des Grob-, Mittel- und Feinkornanteils der Masse ergibt, unter Berücksichtigung des unterschiedlichen Wirkungsgrades der Körnung, eine logarithmische Abhängigkeit zur Wasserdurchlässigkeit.
Unter Berücksichtigung der Korngrößenverteilung der Versuchsmassen wurde versucht, eine Formel zur näherungsweisen Berechnung eines Faktors aufzustellen, welcher Rückschlüsse auf die Wasserdurchlässigkeit zuläßt.

9.4

Die betriebsmäßig gebrannten Proben unterscheiden sich deutlich dadurch, daß die im Einzelofen gebrannten Röhren einen wesentlich höheren Gehalt an zweiwertigem Eisen aufweisen als die im Tunnelofen gebrannten Röhren.

9.5

Mineralogische Untersuchungen ergaben: Der Mullitgehalt liegt im Tunnel- und Einzelofen um 20–25%, der Cristobalitgehalt ist im Tunnelofen wesentlich niedriger als im Einzelofen, während der Restquarzgehalt meist höher ist als im Einzelofen.

9.6

Die im Tunnelofen gebrannten Massen dehnen sich auf Grund des geringen Cristobalitgehaltes weniger aus als die im Einzelofen gebrannten Proben.

9.61

Da die Hoch-Tief-Umwandlung des Cristobalits um 200° C erfolgt und mit merklichen Volumänderungen verbunden ist, muß auf eine Empfindlichkeit des Steinzeugrohres in diesem Temperaturbereich hingewiesen werden.

9.7

Die chemische Analyse des Mullits ergab, daß im Einzelofen, anscheinend durch die längere Brennzeit, ein reinerer Mullit vorliegt als im Tunnelofen.

9.71

Die Glaszusammensetzung von Steinzeug üblichen Aufbaues liegt in relativ engen Grenzen: 78–85% SiO_2, 10–15% R_2O_3, 6–8% $R_2O + RO$.

9.8

Mischungen aus Al_2O_3-reichem Ton mit Klebsand oder auch Quarzsand feiner Körnung können dann gute Werte ergeben, wenn weder im Ganzen noch in Inhomogenitäten der Mischung der Al_2O_3-Wert unter 18% absinkt. Sie sind nur recht empfindlich gegen Unterschreitung des Al_2O_3-Gehaltes und daher gegen Schwankungen in der Zusammensetzung der Rohstoffe und örtlich ungleichmäßige Verteilung durch Mischungsfehler.

Diese Arbeit wurde mit Unterstützung des Landeswirtschaftsministeriums Nordrhein-Westfalen durchgefuhrt, dem wir an dieser Stelle unseren Dank aussprechen möchten.

Dr.-Ing. Kamillo Konopicky
Dipl.-Chem. Emil Karl Köhler
Dr.-Ing. Wilhelm Lohre

Literaturverzeichnis

[1] Konopicky, K., Feuerfeste Baustoffe, Herstellung und Verwendung (Verlag Stahl-Eisen, Düsseldorf 1957, S. 60).

[2] Caesar, F., Abrieb und Druckfestigkeit feuerfester Steine (DKG 22, 1941, S. 227 bis 232).

[3] Baab, K. A., und H. M. Kraner, Untersuchung der Abriebfestigkeit verschiedener feuerfester Materialien (J. Amer. ceram. Soc. 31, 1948, S. 293–298).

[4] Bartsch, Die Bestimmung der Wasserdurchlässigkeit von feuerfesten Schamottemassen als Mittel zur Strukturkennzeichnung (DKG 12, 1931, S. 619–652).

[5] Konopicky, K., Feuerfeste Baustoffe, Herstellung und Verwendung (Verlag Stahl-Eisen, Dusseldorf 1957, S. 42).

[6] Dornell, D., und D. L. Katz, Gasströmungen durch dichte poröse Materialien (Ind. Engng. Chem. 45, 1953, S. 2145).

[7] Konopicky, K., und W. Lohre, Die Porengrößenverteilung in feuerfesten Erzeugnissen (DKG 33, 1956, S. 101–108).

[8] Konopicky, K., und G. Engel, Korngrößenverteilung – Porengrößenverteilung (DKG 34, 1957, S. 270–273).

[9] Konopicky, K., Statistische Zusammenhange zwischen den Werten der Kaltdruckfestigkeit-Porositats-Gasdurchlassigkeit bei feuerfesten Erzeugnissen (DKG 37, 1960, S. 6–11).

[10] Richtlinien und Vorschlage des Materialprufungsausschusses Feinkeramik der DKG (Stand vom 1. August 1960).

[10a] Jakob, J., Chemische Analyse der Gesteine und silikatischen Materialien (Verlag Birkhauser, Basel 1952).

[11] Konopicky, K., und E. K. Köhler, Beitrag zur Ermittlung des Mullits und des Glasanteils in keramischen Erzeugnissen (DKG 35, 1958, S. 187–193).

[12] Bose, A. K., H. Müller-Hesse und H. E. Schwiete, Die Schmelzphase in Schamottesteinen, Teil II (Arch. Eisenhuttenwesen 28, 1957, S. 667–670).

[13] Köhler, E. K., I. Patzak und G. Serwatzky, Einige Untersuchungen an Flintclays aus Amerika, Israel, Ägypten, Südafrika und Frankreich (DKG 37, 1960, S. 410–419).

[14] Konopicky, K., und E. K. Köhler, Die Veranderung der keramisch-technologischen Eigenschaften und des Mineralaufbaues verschiedener Tone beim Brennen (Forschungsbericht des Landes Nordrhein-Westfalen Nr. 1096)

[15] Konopicky, K., Allgemeines zum Aufbau der Schamottesteine (DKG 36, 1959, H. 11, S. 367–371).

[16] Grimm, R. E., und G. Kalbicki, Etude au rayon X des réactions des minéraux argileux à haute température (Bull. Soc. Franc. Céram. 1957, Nr. 36, S. 21–27).

[17] Shelton, G. R., und W. W. Meyer, Nature of glass phase in heated clay minerals: II, Effect of rate of heating on glass phase and physical properties of whiteware-bodies (J. Amer. Ceram. Soc. 18, 1935, S. 289–296, und 21, 1938, S. 371–385).

[18] Milton, A., Tuttle und R. L. Cock, Fundamental study of cristalline and glassy phases in whiteware bodies (J. Amer. Ceram. Soc. 32, 1949, S. 279–294).
[19] Carter, W., G. H. Duncourbe, E. E. Hiller und R. M. King, The influence of sodium-aluminate in a fireclay sewer-pipe body (J. Amer. Ceram. Soc., Vol. 18, Nr. 8, August 1935, S. 251–258).
[20] Riley, C. M., Relation of chemical properties to the bloating of clays (J. Amer. Ceram. Soc. 34, 1951, 4, S. 121–128).

FORSCHUNGSBERICHTE DES LANDES NORDRHEIN-WESTFALEN

Herausgegeben im Auftrage des Ministerpräsidenten Dr. Franz Meyers von Staatssekretär Prof. Dr. h. c. Dr.-Ing. E. h. Leo Brandt

BAU · STEINE · ERDEN

HEFT 36
Forschungsinstitut der Feuerfest-Industrie, Bonn
Untersuchungen uber die Trocknung von Rohton, Untersuchungen uber die chemische Reinigung von Silika- und Schamotte-Rohstoffen mit chlorhaltigen Gasen
1953, 60 Seiten, 5 Abb., 5 Tabellen, DM 11,—

HEFT 37
Forschungsinstitut fur Feuerfest-Industrie, Bonn
Untersuchungen uber den Einfluß der Probenvorbereitung auf die Kaltdruckfestigkeit feuerfester Steine
1953, 40 Seiten, 2 Abb., 5 Tabellen, DM 7,80

HEFT 59
Forschungsinstitut fur Feuerfest-Industrie, Bonn
Ein Schnellanalysenverfahren zur Bestimmung von Aluminiumoxyd, Eisenoxyd und Titanoxyd in feuerfestem Material mittels organischer Farbreagenzien auf photometrischem Wege
Untersuchungen des Alkali-Gehaltes feuerfester Stoffe mit dem Flammenphotometer nach Riehm-Lange
1954, 52 Seiten, 12 Abb., 3 Tabellen, DM 11,60

HEFT 76
Max-Planck-Institut fur Arbeitsphysiologie, Dortmund
Arbeitstechnische und arbeitsphysiologische Rationalisierung von Mauersteinen
1954, 52 Seiten, 12 Abb., 3 Tabellen, DM 10,20

HEFT 81
Pruf- und Forschungsinstitut für Ziegeleierzeugnisse, Essen-Kray
Die Einfuhrung des großformatigen Einheits-Gitterziegels im Lande Nordrhein-Westfalen
1954, 54 Seiten, 2 Abb., 2 Tabellen, DM 10,—

HEFT 90
Forschungsinstitut der Feuerfest-Industrie, Bonn
Das Verhalten von Silikasteinen im Siemens-Martin-Ofengewolbe
1954, 62 Seiten, 15 Abb., 11 Tabellen, DM 11,90

HEFT 91
Forschungsinstitut der Feuerfest-Industrie, Bonn
Untersuchungen des Zusammenhangs zwischen Leistung und Kohlenverbrauch von Kammerofen zum Brennen von feuerfesten Materialien
1954, 42 Seiten, 6 Abb., DM 8,30

HEFT 106
ORR. Dr.-Ing. W. Küch, Dortmund
Untersuchungen uber die Einwirkung von feuchtigkeitsgesattigter Luft auf die Festigkeit von Leimverbindungen
1954, 60 Seiten, 10 Abb., 6 Tabellen, DM 11,40

HEFT 111
Fachverband Steinzeugindustrie, Koln
Die Entwicklung eines Gerates zur Beschickung seitlicher Feuer von Steinzeug-Einzelkammerofen mit festen Brennstoffen
1955, 46 Seiten, 16 Abb., DM 9,40

HEFT 127
Güteschutz Betonstein e. V., Arbeitskreis Nordrhein-Westfalen, Dortmund
Die Betonwaren-Gutesicherung im Lande Nordrhein-Westfalen
1955, 58 Seiten, 15 Abb., 3 Tabellen, DM 11,50

HEFT 142
Dipl.-Ing. G. M. F. Wiebel, Hannover, A. Konermann und A. Ottenheym, Sennelager
Entwicklung eines Kalksandleichtsteines
1955, 38 Seiten, 4 Abb., DM 8,—

HEFT 149
Dr.-Ing. K. Konopicky und Dipl.-Chem. P. Kampa, Bonn
I. Beitrag zur flammenphotometrischen Bestimmung des Calciums
Dr.-Ing. K. Konopicky, Bonn
II. Die Wanderung von Schlackenbestandteilen in feuerfesten Baustoffen
1955, 54 Seiten, 10 Abb., 5 Tabellen, DM 11,—

HEFT 180
Dr.-Ing. W. Piepenburg, Dipl.-Ing. B. Buhling und Bau-Ing. J. Behnke, Koln
Putzarbeiten im Hochbau und Versuche mit aktiviertem Mortel und mechanischem Mortelauftrag
1955, 116 Seiten, 31 Abb., 68 Tabellen, DM 23,—

HEFT 213
Dipl.-Ing. K. F. Rittinghaus, Aachen
Zusammenstellung eines Meßwagens fur Bau- und Raumakustik
1957, 96 Seiten, 17 Abb., 7 Tabellen, DM 19,80

HEFT 223
Dr.-Ing. K. Alberti und Doz. Dr. phil. habil. F. Schwarz, Koln
Über das Problem Hartbrand-Weichbrand
1956, 54 Seiten, 25 Abb., 14 Tabellen, DM 12,10

HEFT 231
ORR. Dr.-Ing. W. Kuch, Dortmund
Über die Wechselwirkung zwischen Holzschutzbehandlung und Verleimung
1956, 48 Seiten, 10 Abb., 8 Tabellen, DM 10,40

HEFT 250
Doz. Dr. phil. habil. F. Schwarz und Dr.-Ing. K. Alberti, Koln
Entwicklung von Untersuchungsverfahren zur Gutebeurteilung von Industriekalken
1956, 36 Seiten, 9 Abb., 4 Tabellen, DM 16,50

HEFT 266
Fliesen-Beratungsstelle Bad Godesberg-Mehlem
Güteeigenschaften keramischer Wand- und Bodenfliesen und deren Prufmethoden
1956, 32 Seiten, DM 7,10

HEFT 319
Prof. Dr. C. Kroger, Aachen
Gemengereaktionen und Glasschmelze
1957, 118 Seiten, 53 Abb., 16 Tabellen, DM 26,—

HEFT 370
Dr. phil. habil. F. Schwarz, Koln
Physikochemische Grundlagen der Bildsamkeit von Kalken unter Einbeziehung des Begriffes der aktiven Oberflache
1958, 90 Seiten, 14 Abb., 16 Tabellen, 36 Titrationen DM 25,10

HEFT 398
Prof. Dr. habil. H. E. Schwiete und Dipl.-Ing. G. Geisdorf, Aachen
Einlagerungsversuche an synthetischem Mullit I
Prof. Dr. habil. H. E. Schwiete, A. K. Bose und Dr. phil. H. Muller-Hesse, Aachen
Die Zusammensetzung der Schmelzphase in Schamottesteinen I
1957, 58 Seiten, 17 Abb., 17 Tabellen, DM 14,50

HEFT 399
Prof. Dr. habil. H. E. Schwiete und Dr.-Ing. R. Vinkeloe, Aachen
Moglichkeiten der quantitativen Mineralanalyse mit dem Zahlrohrgerat unter besonderer Berucksichtigung der Mineralgehaltsbestimmung von Tonen
1958, 102 Seiten, 34 Abb., 1 Tabelle, DM 26,70

HEFT 402
Prof. Dr. habil. W. Linke, Aachen
Die Warmeubertragung durch Thermopane-Fenster
1958, 30 Seiten, 17 Abb., 2 Tabellen, DM 10,80

HEFT 430
Prof. Dr. G. Garbotz, Aachen, und Dr.-Ing. G. Dress, Cadiz
Untersuchungen uber das Kraftespiel an Flachbagger-Schneidwerkzeugen in Mittelsand und schwach bindigem, sandigem Schluff unter besonderer Berücksichtigung der Planierschilde und ebenen Schurfkubelschneiden
1958, 142 Seiten, 81 Abb., DM 37,50

HEFT 453
Forschungsinstitut der Feuerfest-Industrie, Bonn
Die Arbeiten der technisch-wissenschaftlichen Kommission der PRE (Vereinigung der europaischen Feuerfest-Industrie)
1957, 62 Seiten, 9 Abb., 18 Tabellen, DM 14,75

HEFT 454
Dr.-Ing. W. Piepenburg, Dipl.-Ing. B. Buhling und Bauing. J. Behnke, Koln
Haftfestigkeit der Putzmörtel
1958, 130 Seiten, 6 Abb., 63 Tabellen, DM 28,30

HEFT 482
Dipl.-Ing. R. Pels-Leusden und Dr. K. Bergmann, Essen
Die Frostbestandigkeit von Ziegeln; Einflusse der Materialzusammensetzung und des Brandes
1958, 70 Seiten, 31 Abb., 5 Tabellen, DM 20,45

HEFT 484
Prof. Dr. phil. habil. H. E. Schwiete und Dr. G. Franzen, Aachen
Beitrag zur Struktur des Montmorillonit
1958, 76 Seiten, 23 Abb., DM 22,—

HEFT 488
Prof. Dr. phil. habil. H. E. Schwiete, Aachen, und Dipl.-Chem. H. Westmark, Recklinghausen
Beitrag zur Kennzeichnung der Texturen von Schamottesteinen
1958, 48 Seiten, 34 Abb., 7 Tabellen, DM 16,80

HEFT 528
Dipl.-Chem. Dr. P. Ney, Koln
Physikochemische Grundlagen der Bildsamkeit von Kalken unter Einbeziehung des Begriffs der aktiven Oberflache
Dr. F. Schwarz, Koln
Kristallchemische Betrachtung der Bildsamkeit
1958, 96 Seiten, 34 Abb., 6 Tabellen, DM 26,75

HEFT 543
Prof. Dr. phil. habil. H. E. Schwiete, Dr. phil. H. Müller-Hesse und Dipl.-Ing. G. Gelsdorf, Aachen
Einlagerungsversuche an synthetischem Mullit Teil II
1958, 28 Seiten, 5 Abb., 10 Tabellen, DM 10,—

HEFT 544
Prof. Dr. phil. habil. H. E. Schwiete, Dr.-Ing. A. K. Bose und Dr. phil. H. Muller-Hesse, Aachen
Die Schmelzphase in Schamottesteinen. Teil II
1958, 30 Seiten, 9 Abb., 12 Tabellen, DM 11,—

HEFT 545
Prof. Dr. phil. habil. H. E. Schwiete, Dr. rer. nat. G. Ziegler und Dipl.-Ing. Ch. Kliesch, Aachen
Thermochemische Untersuchungen uber die Dehydration des Montmorillonits
1958, 48 Seiten, 16 Abb., 4 Tabellen, DM 15,40

HEFT 553
Prof. Dr. rer. pol. G. Garbotz und Dipl.-Ing. J. Theiner, Aachen
Untersuchungen der Walzverdichtungsvorgange auf Loßlehm, Kies und Schotter
1959, 286 Seiten, 208 Abb., DM 58,—

HEFT 559
Prof. Dr. phil. habil. H. E. Schwiete und Dipl.-Chem. R. Gauglitz, Aachen
Die Verflussigung von Montmorillonitschlammen
1958, 66 Seiten, 15 Abb., 5 Tabellen, DM 19,30

HEFT 634
Institut für Ziegelforschung Essen e. V., Essen-Kray
Verminderung der Streuungen, der Festigkeit und der Sprodigkeit von Ziegeln
1958, 94 Seiten, 36 Abb., 18 Tabellen, DM 24,30

HEFT 643
Max-Planck-Institut fur Silikatforschung, Wurzburg
Spannungsmessungen an Schleifkorpern
1958, 38 Seiten, 22 Abb., DM 11,70

HEFT 651
Dr.-Ing. A. Eisenberg, Dortmund
Versuche zur Korperschalldammung in Gebauden
1958, 26 Seiten, 20 Abb., DM 8,10

HEFT 688
Prof. Dr. H.-E. Schwiete und Dipl.-Ing. A. Schuffler, Aachen
Entwicklung einer elektrisch beheizten Apparatur zur Messung von Warmeleitfahigkeiten feuerfester Materialien bei hohen Temperaturen
1959, 42 Seiten, 16 Abb., DM 11,60

HEFT 689
Prof. Dr. H.-E. Schwiete und Dipl.-Chem. H. Westmark, Aachen
Die Warmeleitfahigkeit feuerfester Steine im Spiegel der Literatur
1959, 54 Seiten, 35 Abb., DM 16,30

HEFT 695
Dr.-Ing. W. Herding, München
Die Fahrdynamik und das Arbeitsspiel gleisloser Erdbaugerate als Kalkulationsgrundlage fur die Bodenforderung und ihre Kosten
1960, 178 Seiten, 89 Abb., 18 Tabellen, DM 49,—

HEFT 711
Dr.-Ing. K. Alberti, Koln
Einfluß der chemischen Zusammensetzung des Anmachewassers auf die Festigkeit von Kalkmorteln
1959, 50 Seiten, 4 Abb., 20 Tabellen, DM 13,10

HEFT 713
Dr.-Ing. E. Menzenbach, Aachen
Die Anwendbarkeit von Sonden zur Prufung der Festigkeitseigenschaften des Baugrundes
1959, 216 Seiten, 190 Abb., 24 Tabellen, DM 52,—

HEFT 734
Dipl.-Ing. H. Adam, Hannover
Arbeitstechnische und arbeitsphysiologische Untersuchungen zur Erleichterung der Maurerarbeit
1959, 56 Seiten, 15 Abb., mehr. Tabellen, DM 15,60

HEFT 843
Dipl.-Chem. W. Schmidt, Dipl.-Chem. E. Kohler und Dipl.-Ing. W. Schmidt, Bonn
Flammenspektrometrische Alkalibestimmung im Korund
1960, 13 Seiten, 2 Abb., 1 Tabelle, DM 5,50

HEFT 844
Prof. Dr.-Ing. O. Kienzle und Dipl.-Ing. K. Greiner, Hannover
Festigkeitsuntersuchungen an Klebverbindungen zwischen Schleif- und Tragkörpern
1960, 125 Seiten, 48 Abb., 10 Tabellen, 20 Anlagen, DM 35,—

HEFT 859
Prof. Dr. habil. H.-E. Schwiete und Dr.-Ing. R. Baur, Aachen
Hydrothermalsynthese und Strukturuntersuchung an synthetischem Montmorillonit
1960, 104 Seiten, 44 Abb., 29 Tabellen, DM 28,70

HEFT 903
Prof. Dr.-Ing. Renfert †, Baurat Dipl.-Ing. K. Heisig und Dipl.-Ing. J. Thelen, Lehrstuhl fur Straßenbau der Technischen Hochschule Aachen
Untersuchungen uber Bodenverfestigung des Untergrunds zur Feststellung der technischen und wirtschaftlichen Auswirkungen auf den Unterbau bzw. auf dıe Straßenbetonfahrbahnplatten sowıe Untersuchungen flexibler Deckenkonstruktionen auf verschiedenen Unterbauarten
1960, 136 Seiten, 6 Abb., 14 Tabellen, DM 39,10

HEFT 910
Prof. Dr.-Ing. habil. K. Walz, Forschungsinstıtut der Zementindustrıe, Dusseldorf
Der Einfluß einer Warmebehandlung auf dıe Festigkeit von Beton aus verschiedenen Zementen
1960, 40 Seiten, 17 Abb., 5 Tabellen, DM 12,60

HEFT 921
Dr.-Ing. Kamillo Konopicky und cand. phys. Karl Wohlleben, Forschungsinstıtut der Feuerfest-Industrie, Bonn
Untersuchungen zum Gang des Torsionsmoduls mit der Temperatur an Wannensteinen
1960, 24 Seiten, 10 Abb., 4 Tabellen, DM 8,40

HEFT 948
Prof. Dr. habıl. H.-E. Schwiete und Dipl.-Ing. Udo Ludwig, Institut fur Gesteinshuttenkunde der Technischen Hochschule Aachen
Der Tuff, seine Entstehung und Konstitution und seine Verwendung im Baugewerbe
1961, 68 Seiten, 8 Abb., 20 Tabellen, DM 18,80

HEFT 956
Prof. Dr. habıl. H.-E. Schwiete, u. a., Institut fur Gesteinshuttenkunde der Technischen Hochschule Aachen
Die Konstitutıon einiger rheinischer und bayrischer Trasse
1961, 44 Seıten, 17 Abb., 14 Tabellen, DM 13,40

HEFT 965
Prof. Dr.-Ing. H. Opitz und Dipl.-Ing. H. Frank, Laboratorium fur Werkzeugmaschınen und Betriebslehre an der Technıschen Hochschule Aachen
Richtwerte fur das Außenrundschleifen
1961, 78 Seiten, 49 Abb., 4 Tabellen DM 23,20

HEFT 977
Dr.-Ing. Gottfried Kronenberger, Institut fur Baumaschinen und Baubetrieb der Technıschen Hochschule Aachen
Verdichtungswirkung und Arbeitsverhalten eines Einmassenruttlers auf Schotter und Kiessand zur Ermittlung der maßgeblichen Einflußgroßen beı der Ruttelverdichtung
1961, 96 Seiten, 17 Tafeln, 7 Tab., 36 Abb., DM 27,70

HEFT 978
Prof. Dr. H.-E. Schwiete und Dipl.-Ing. Udo Ludwıg, Instıtut für Gesteinshuttenkunde der Technischen Hochschule Aachen
Das Verhalten von rheinischem und bayrıschem Trass in hydraulischen Bindemitteln
1961, 82 Seiten, 27 Abb., 25 Tabellen, DM 24,70

HEFT 979
Prof. Dr. H.-E. Schwiete und Dipl.-Ing. Udo Ludwig, Instıtut fur Gesteinshüttenkunde der Technischen Hochschule Aachen
Die Bindung des freien Kalkes und die bei den Trass-Kalk-Reaktionen entstehenden Neubildungen
1961, 59 Seiten, 18 Abb., 13 Tabellen DM 18,—

HEFT 995
Prof. Dr.-Ing. H. Reıher und Dr. phil. D. von Soden, Institut fur technische Physık der Frauenhofer-Gesellschaft, Stuttgart
Einfluß von Erschutterungen auf Gebaude
1961, 46 Seiten, 11 Abb., DM 13,90

HEFT 998
Prof. Dr. H.-E. Schwiete u. a., Instıtut fur Gesteınshuttenkunde der Technischen Hochschule Aachen
Untersuchungen uber Festkorperreaktionen im System BaO—AL_2O^3—SiO_2 mit Hilfe der Infrarot-Spektroskopie
1961, 170 Seıten, 82 Abb., 32 Tabellen, DM 49,—

HEFT 1001
Dıpl.-Phys. Dr. rer. nat. G. Langner, Instıtut fur Elektronenmikroskopie an der Medızınischen Akademıe Dusseldorf
Die Informatıonsubertragung beı der Mıkroskopie mıt Rontgenstrahlen
1961, 126 Seıten, 7 Abb., DM 37,—

HEFT 1005
Prof. Dr.-Ing. habıl. K. Walz, Dr.-Ing. J. Bonzel, Forschungsınstıtut der Zementindustrıe, Dusseldorf
Festıgkeıtsentwicklung verschiedener Zemente bei nıederer Temperatur
1961, 42 Seiten, 25 Abb., 6 Tabellen, DM 15,10

HEFT 1012
Dr. rer. pol. Th. Beckermann, Dtpl.-Volksw. M. Wulff, Rhetnisch-Westfalisches Institut fur Wirtschaftsforschung, Essen
Entwicklung und Situation des Baumarktes
1961, 121 S., 5 Abb., 10 Tab., Strukturtabellen 1-35, DM 34,10

HEFT 1026
Prof. Dr. phil. nat. habil. H.-E. Schwiete, Dipl.-Chem. H.-G. Ritt, Institut f. Gesteinshuttenkunde d. Rhein.-Westf.-Techn. Hochschule Aachen
Beitrag zur Konstitution und Wirkungsweise plastifizierender und lufteinfuhrender Betonzusatzmittel
1962, 62 S., 23 Abb., 5 Tab., DM 19,90

HEFT 1047
Prof. Dr.-Ing. habil. K. Walz, Dr.-Ing. G. Wischers, Forschungsinstitut der Zementindustrie Dusseldorf
Beton als Strahlenschutz fur Kernreaktoren
1961, 52 Seiten, 17 Abb., 6 Tabellen, DM 18,70

HEFT 1048
Dr.-Ing. K. Konopicky, Dr. Ingeborg Patzak und cand.-phys. K. Wohlleben, Forschungsinstitut der Feuerfest-Industrie, Bonn
Über den Glasanteil in Silikatsteinen
1961, 26 Seiten, 6 Abb., 7 Tabellen, DM 11,—

HEFT 1076
Prof. Dr. phil. nat. habil. H.-E. Schwiete, Dr. R. Gauglitz, Dipl.-Ing. Ch. Ackermann, Institut f. Gesteinshuttenkunde d. Rhein.-Westf.-Techn. Hochschule Aachen
Der Einfluß der Art, der Korngroße und der Rationenbelegung von Montmorillonit auf sein thermochemisches Verhalten.
In Vorbereitung

HEFT 1077
Prof. Dr. phil. nat. habil. H.-E. Schwiete, Dr. phil. H. Muller-Hesse, Dipl.-Chem.-Ing. Oktay Tekin Orhun, Institut f. Gesteinshuttenkunde d. Rhein.-Westf.-Techn. Hochschule Aachen
Über die Stabilitat der Mineralien Kyranit, Andalusit und Sillimanit.
In Vorbereitung

HEFT 1090
Dr.-Ing. K. Konopicky, Dipl.-Chem. E. K. Kohler, Dr.-Ing. W. Lohre, Forschungsinstitut der Feuerfestindustrie, Bonn
Aufbau und Eigenschaften des Kanalisationssteinzugrohres
Einfluß der Rohstoffe und Herstellungsbedingungen.

HEFT 1096
Dr.-Ing. K. Konopicky, Dipl.-Chem. E. K. Kohler, Forschungsinstitut der Feuerfest-Industrie, Bonn
Die Veranderung der keramisch-technologischen Eigenschaften und des Mineralaufbaues verschiedener Tone beim Brennen
In Vorbereitung

Ein Gesamtverzeichnis der Forschungsberichte, die folgende Gebiete umfassen, kann bei Bedarf vom Verlag angefordert werden:
Acetylen / Schweißtechnik - Arbeitswissenschaft - Bau / Steine / Erden - Bergbau - Biologie - Chemie - Eisenverarbeitende Industrie - Elektrotechnik / Optik - Fahrzeugbau / Gasmotoren - Farbe / Papier / Photographie - Fertigung - Funktechnik/Astronomie - Gaswirtschaft - Huttenwesen / Werkstoffkunde - Kunststoffe - Luftfahrt / Flugwissenschaften - Maschinenbau - Medizin / Pharmakologie / NE-Metalle - Physik - Schall / Ultraschall - Schiffahrt - Textiltechnik /Faserforschung / Wäschereiforschung - Turbinen - Verkehr - Wirtschaftswissenschaft.

WESTDEUTSCHER VERLAG · KÖLN UND OPLADEN

GPSR Compliance

The European Union's (EU) General Product Safety Regulation (GPSR) is a set of rules that requires consumer products to be safe and our obligations to ensure this.

If you have any concerns about our products, you can contact us on ProductSafety@springernature.com

In case Publisher is established outside the EU, the EU authorized representative is:

Springer Nature Customer Service Center GmbH
Europaplatz 3
69115 Heidelberg, Germany

Batch number: 10584556

Printed by Printforce, the Netherlands